明日はもっと面白くなるかもしれないじゃない？

我妻マリ

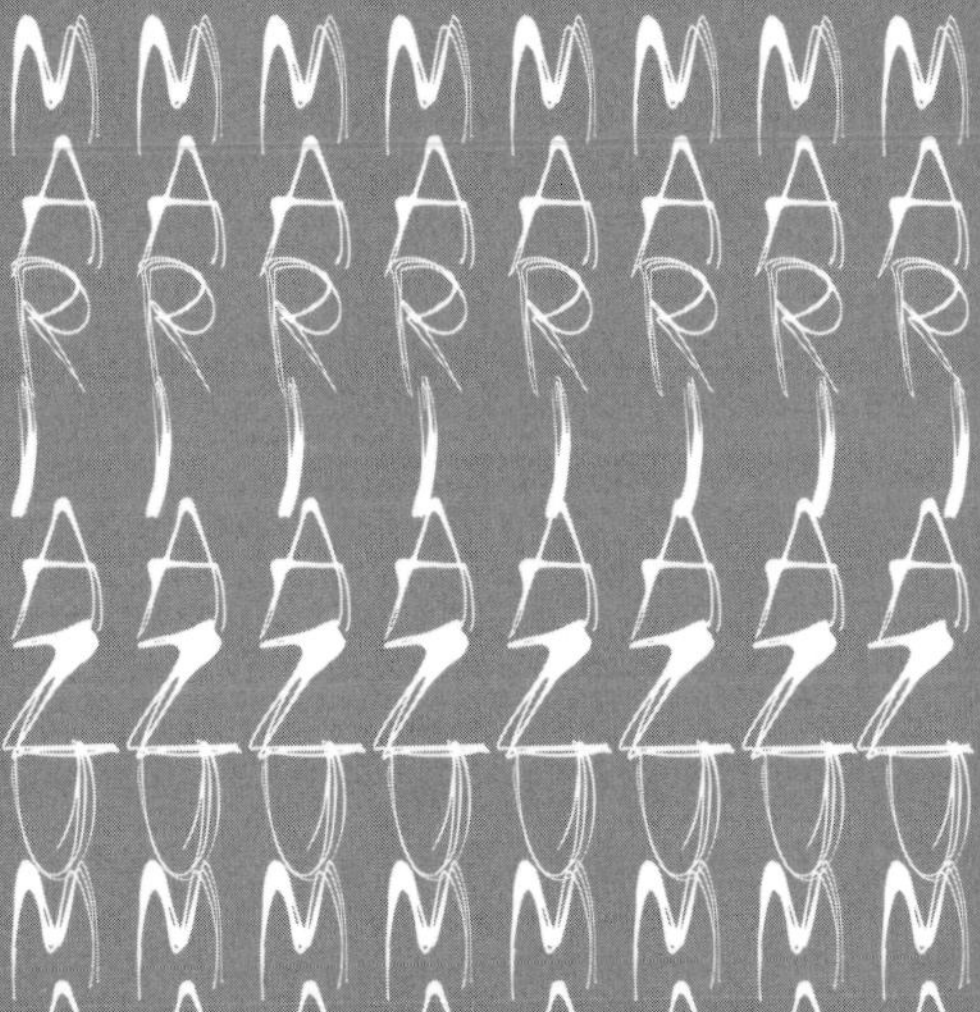

幻冬舎

明日はもっと面白くなるかもしれないじゃない？

はじめに

「マリさんって、いつも明るくて楽しそうよね？」
「一人暮らしって、寂しくない？」
「その元気の秘訣はどこにあるの？」

最近よく、そんなことを聞かれます。そう言われてみると、人生いまが一番楽しい。そして明日はきっともっと楽しいはず。そんなふうに思える自分がいることに気づきます。

17歳のときにモデルをはじめてから、長い間、ファッションの世界で仕事をしてきました。オートクチュールや、パリコレをはじめとしたさまざまなショーでモデルをつとめ、数々の素晴らしいデザイナーたちと一緒に仕事をすることができました。ありがたいことに、70代になったいまでも現役として、ファッション誌や広告でモデルの仕事をしています。

60歳を迎えたとき、念願の田舎での一人暮らしもはじめました。鳥のさえずりで朝日覚め、満点の星を眺めて床につく毎日。自然の中にいると、体が何を喜び、何に疲れを感じるのかがよくわかります。

穏やかな毎日を過ごす一方、仕事のたびに向かう東京での時間は刺激的。一念発起して免許も取得し、この歳になってやりたいことをできる喜びを、毎日感じています。

とはいえ、長い人生、順風満帆の時期ばかりではありませんでした。モデルとして旬の年齢を過ぎた40代には、この大好きな仕事を手離さなくてはならないのかと悩みました。更年期には体調が不安定になり、ランウェイをまっすぐ歩けない自分に絶望を感じたときもありました。

楽しいだけではない。いろんな経験を重ねたからこそ、いま「でもやっぱり明日はもっと面白いことがあるんじゃないかしら」と思えるようになったのです。

この本では、私が毎日を楽しく面白く過ごすために、日常の生活の中で大切にしている、ほんのちょっとした心がけを集めてみました。

どうせ生きるのであれば、人生をもっと楽しく、自分に素直に生き尽くしたい。

きっと同じように思っていらっしゃる方は多いのではないでしょうか。そんな同志のみなさんと、少しでも想いをともにできたら嬉しいです。

目次

身だしなみと装い。そして年を重ねることについて

人生は動き続ける

私が学んできた
ファッションのこと

断捨離は二度としないわ

以前、断捨離が流行ったことがあったでしょ。あのときに、いろんなものを手離したことを心から後悔しているんです。ちょうどお引っ越しのタイミングで、あまりにものが多かったから、私も断捨離してみようかしらと思っちゃったのよね。失敗したわ。

なつかしい服を見たり、袖を通したりすると、体がその服をよく着ていた時代のことを思い出します。その頃の風景もぱーっと頭に浮かんでくる。

たとえば、「このコム・デ・ギャルソンの服は、銀座の西武百貨店に行って買ったなあ。あれは、パリから帰ってきてすぐのことだった……」とか。

どうして東京で買ったかというと、パリではギャルソンの服がとても高かったから。倍以上の値段がしたので、とても向こうじゃ買えないって思ったの。だから帰国するなり西武に行って買ったという記憶が、ぱーっと思い浮かんでくる。

　コム・デ・ギャルソンは、川久保玲さんの教育が行き届いてらして、店員さんが、シワが出ないように綺麗に服をたたんでくださるの。その薄く綺麗にたたむ技術が素晴らしいなと感動したことまで思い出すんです。

　そういう記憶って、人生そのものでしょ。それを断捨離してはいけないと思ったんです。もう二度とやらない。


　とはいっても、服だって毎日着てあげられるわけじゃないから、長いこと使っていないものは、触って慈しんでいます。

　クローゼットから出して、「しばらく着ていないけれど、元気だった～？」と、声をかけると、服もよそよそしくならない。

　久しぶりに着る服は、何日か前に部屋に出しておくと、いざ袖を通すときに、親しい感じがしてしっくりとなじみます。同じ空気を何日か一緒に吸って生活するだけで、私の服という感じがするのね。

クローゼットから出してすぐ着るのとは大違い。

ものを大事にすると、自分も元気になると感じます。

それはきっと、ものを大事にするということは、自分を大事にすることにつながるからだと思う。どうでもいいと思うものに囲まれて生きていたら、自分自身も粗末に扱ってしまうことになるんでしょうね。

だから、これからも自分が大切にしたいと思うものに囲まれて生きていきたいと思います。

サンローランから学んだ
ファッションの真髄

人が丹精込めて、手をかけて作ったものには、そのもの自体にエネルギーが宿る。

私がそれを知ったのは、サンローランのオートクチュールのモデルをさせてもらったときからです。

オートクチュールというのは、その人その人の体型に合った縫製をする、世界でたった一着の服のこと。私たちモデルは、そのサンプルを着て、お得意先のお客様の前でショーをするんです。

服がよく見えるように、コートをゆっくり脱いで、お客様の目の前でターンをして。そういう歩き方は、オートクチュールをやっているときに覚えました。お客様がメニュー表を持っていらっしゃるから、私たちはカードを持って歩くのよ。昔は、一着ごとに服に名前もついていました。薔薇の精とか、春の訪れとか。そうやって、作るほうも買うほうも、その贅沢な時間を楽しんでいたの。

モデルをするようになって最初に驚いたのは、オートクチュールはすべて、手袋をはめて触るものだということ。聖なるものなんですね。

ボタンひとつ、裏地ひとつとっても、すべてこだわり抜かれている。裏地なんて、表の色に合わせて、わざわざシルクを染めるんです。だから、ほんの少し袖口からこぼれる色も、ため息が出るくらい美しいの。

それに、モデルの体に合わせて仮縫いをしているときの、パタンナーの真剣な眼差しを見ていると、こっちも息をしちゃいけないんじゃないかと思うくらい。実際は、私たちモデルで仮縫いするときは、ものすごいスピードで仕事を進めるから、ときどきマチ針が体に刺さって「痛っ！」って声が出ちゃうこともあるんですけどね（笑）。

ショーにお見えになったお客様が、たとえば1番のブラウスが欲しいわとなると、パリに採寸にいらっしゃいます。一度採寸したお客様は、パリにマネキンが保管されるんですよ。お客様はモデルと違うから仮縫いの間1時間も立っていられないでしょ。だから、マネキンで服を合わせるのね。

体にフィットした服が、どれだけ人を美しく見せるのかというのも、このときに知りました。たとえば、ふくよかで、肩が丸くてずんぐりしているご婦人でも、オートクチュールとなると、背中がすっとエレガントに見える。肩にパッドが入って体の膨らみに合わせて立体裁断されるから、たいていの方は鏡をご覧になって、自分の背中の美しさに惚れ惚れされます。それがオートクチュールのすごいところ。

お値段が高いものには高い理由があるのだと学びました。

あれはまだ10代の頃。サンローランのクチュールサロンの方に「マリちゃん、一着でいいから、オートクチュールを買いなさい。そして毎日着なさい」って言われたことがあります。ちょうど私の体に合うサンプルがあって、こんなチャンスはめったにないから、買うべきだと言うのね。

それで、言われるままにローンで買って、その服を毎日ずっと着ていたことがありました。ジャケットとパンタロンだったけれど、当時の私にしてみたら、清水の舞台から飛び降りるようなお値段だった。

でも、サロンの方の言う通り、毎日それを着ていると、どんどん自分がその服に慣れてくるから、それを着た仕草も自然になってくる。ああ、これが「身につく」ってことなのね、と思ったものです。

「いい服を買うと、もったいなくて着られない」と思っちゃいますよね。その気持ち、私も同じだったからよくわかります。

でも、いい服ほどたくさん着てあげたほうがいいと、私はこのときに知りました。いい服は、くたびれないの。生地もパターンもいいから、一晩ハンガーに吊るしておけば、ちゃんとビシッと元に戻る。たとえ毎日着たとしても、朝になるとまた元気になっている。それが一流の服が持っているエネルギーなのよね。

生きていくのに１００着の服は必要ないと思う。長く着られる、本当に気に入った服を少しだけ。

そんなブランドの服を、ほんの少しでいいから持っていると、自分も元気になれると感じます。

ジャケットを着ると
気持ちも体のラインも引き締まる

いいものを少しだけ。そうは言っても、何に投資すればいいか、最初は私もわからなかった。いろいろ試行錯誤して失敗もして、少しずつ学んできました。もしいまお金をかけて大切な一着を選ぶとしたら、私ならジャケットかなあと思います。

いいジャケットを着ると、きゅっと袖が体に食い込むような感覚があるのね。それが快感なんです。姿勢もよくなるし、あごもきゅっと引けるし、体型が変わる。前ボタンを留めた瞬間、背筋に芯が通る感覚がある。

私はいま、田舎暮らしをしているのだけれど、田舎でジャケットを着ていると浮いちゃうから、ついラフでイージーなニットやスウェットを着てしまいがち。もちろん、イージーな服も嫌いではないけれど、ずっとらくちんな服ばかり着続けていると、だんだん体型もイージーになってくると感じるんです。だから、できれば週に1回、難しかったら月に1回でもいいから、ジャケットを着るようにしています。そうすると、体も気持ちもしゃんとするのね。

ジャケットは、ブランドによって型が全然違うから、最初の一着を選ぶときは、一流のブランドのジャケットをいっぱい着て試してみるのがいいと思います。

「試着だけでお店に入っていいのかしら」と思うかもしれないけれど、私は、構わず入っちゃう。「ちょっとジャケットを見せてくださる？」と聞いて、どんどん試着してみるの。

自分にどこのブランドのジャケットが一番フィットするか。こればかりは、数を着てみないとわからないんですよね。でも、何着も何着も袖を通していたら、自分の体にフィットしたとき、「これだ！」と、ビビッとくる。その感覚に従うようにしています。

最初の一着は肩の線が綺麗に出るものを選ぶといいと思います。肩の位置をぴたっと合わせたいから、素材は張りがあるものがいい。

ニットやジャージー素材のジャケットは、2着目以降でいいと思います。

私の場合、イタリーブランドよりもフランスのジャケットが合うみたい。イタリーブランドのジャケットって、イタリア人の背格好に合うように作られていると感じます。イタリアは世襲制が多いし、幼少期からファッションの道に進む人たちはそのような教育を受けるのね。だから、ずっと伝統が保たれる。

一方で、フランスのブランドは、いろんな国のデザイナーの血が入っているから、面白いものが多いし、いろんなパターンがあると感じます。私自身はフランスのブランドの服のほうが、相性がいいものが多い。日本人のブランドも好きで、コム・デ・ギャルソンや、ケイカガミのジャケットはときどき買います。

お気に入りのブランドでも、デザイナーが変わると急に型が変わるし、着心地も全然違うから、やっぱり毎回袖を通して確かめないとダメだなあと思います。

デザイナーが変わったときに、今度はどんな服を作ってくれたのかしら？　と袖を通してみるのも、私にとってはファッションの楽しみのひとつ。

女性のデザイナーの服を着ると優しい気持ちになることが多いし、カチッとしたジャケットは男性デザイナーが上手だわと感じたりするのも楽しいもの。

そんなふうに丁寧に選んだジャケットを着てみて、もし「いい買い物をした！」と思ったら、少しずつ、いい服を増やしていくのも楽しいかも。

ジャケットの次はコートかしら。飽きのこないデザインのものを持っていると、何十年も着られます。私自身も、40代の頃に買ったケイカガミのコートをいまでも着ています。

あとは、オーソドックスなアイテム。プレーンなニットとか、シャツとか。

私の場合、黒のタートルネックがラッキーアイテムなので、これはカシミアのいいものを買うようにしています。歳をとると、肌が敏感になるから、少しでもチクチクした感じがあると1時間と着ていられないのよね。だから、選ぶときは慎重になります。

こういう「自分にはこれ！」と言えるようなベーシックな服があれば、あとはストールの色を変えるとか、ちょっと違うアクセサリーを身につけると、いつも新しい感じを作れるから、結果的に多くの服を持たなくてもいいなと思えます。

大切な服には
手と声をかけてみて

数は多くないけれど、そうやってせっかく買ったいい服は、自然と保管の仕方も意識するようになります。

コートやジャケットは、ハンガーがしっかりしたものでないと、ハンガーの線が出てしまう。だから、ハンガーはあまり平らなものではなく、なだらかにドロップしたものを使うようにしています。

クローゼットをパンパンにしていると、前後の服に挟まれてシワが出るから、服と服の間に余裕を持たせるのも大事だなと感じます。それもあって、服をあまり増やさないようにしているの。

立体的な裁断の服をハンガーにかけるときは、袖の部分にやわらかい紙を詰めておくと型崩れしにくくなります。このやわらかい紙というのは、帽子を買ったときに中に入っているような紙のこと。ファスナーのあるものは、ファスナーを閉めてあげたほうが、型崩れしない。ボタンも同じ。

こうした「ひと手間」は、最初は面倒に感じるかもしれないけれど、歯磨きと同じで、習慣にしてしまえば気持ちよくできるようになりますよ。

なにより、自分が服を大事に扱っているという気持ちがあると、心も穏やかになるのがいいところ。


ジャケットやコートをよく見ると、前身頃側にパターンを作っているものと、後ろ身頃側に反ったような形でパターンを起こしているものと、2タイプあるのがわかると思います。

肩パッドが入っているものは、後ろパターンが多いかな。ハンガーにかけてみればわかるのだけれど、前パターンのものと後ろパターンのものを隣り合わせで詰め込むとシワになってしまうから、それも気をつけてみるといいでしょう。

ブラウスをたたむときは、縫い目部分だけを折るようにするとシワになりにくいと教わりました。そのとき、中にやわらかいペーパーを入れて、ふわっとたたんであげると綺麗に保管できます。襟やカフスの部分に薄い紙を入れると、型崩れが防げるから、大切な服はそれも習慣にしたいなと思っています。

久しぶりに着る服は、前日までにクローゼットから出しておいて、着る前に「元気？」と声をかけると、親密になれると書きましたが、服に空気を入れてあげるのもいいんですよ。

とくに、ウールのジャケットやコートは、着る前に、裾の部分を持って逆さまにして、バサバサとふって素材を毛羽立たせる。すると、ふわりと毛が浮いて、とても綺麗になるんです。ぜひ試してみてくださいね。

シャネルは80代になったら着てみたい

80歳くらいになったら、シャネルのジャケットが欲しいと思っているの。いろんな服を試したけれど、シャネルはまだ一着も持っていないんです。

私自身、あまりひとつのブランドにこだわるたちじゃないし、マイルールを持ちたくないから、「この年代になったら○○を着よう」と思うのは、シャネルだけかもしれない。

シャネルのジャケットは、歳をとるほど素敵に着こなせる。子どもの服じゃないのよね。

いまの自分がシャネルを買う気にならないのは、多分、自分の体が元気だからかなと思います。

シャネルを着たいと思うようになるのは、あまり肌を出したくない年齢になってからじゃないかしら。自分が物を語らなくても、シャネルのジャケットは、その人の歴史を物語ってくれる。そんな服だと思うから。

人は、70代のときはまだ60代のパワーを持っていて、80代になったら70代のパワーを持っていると聞いたことがあります。

だから、年齢で自分のことを決めつけるのはもったいないって、いつも自分に言い聞かせているの。

最近、20代の頃に一緒にパリコレのランウェイを歩いたモデル仲間たちが、一斉に活動再開してるのよ。

ファッションデザイナーたちも、50代、60代、70代のモデルを起用したりして、もう本当に素敵なの。これには、本当に元気をもらいます。私だけじゃないと思う。みんなきっと元気をもらえているんじゃないかしら。

年齢に関係なく、いまの自分を美しく装って元気でいることは、自分もその周りも、みんなをハッピーにできることよね。

これは、イラストレーターの大橋歩さんがおっしゃっていたのだけれど、人間には魂の年齢があるんですって。

私たちも、実際の年齢より、魂の年齢のほうがずっと若いかもしれない。

「若いから」「歳だから」って、押し付け合うのはやめましょうよ。もっと自由に。自分が幸せで周りも幸せだったら、それでいいじゃない。

とっておきこそ普段使いを

ヨーロッパの女性を見ていると、スカーフ使いが上手だと感じます。小さな頃からパーティに連れて行かれて、お母さんの見よう見まねでスカーフの結び方を覚えるのでしょうね。装って人前に出る機会があるのは、素敵な文化だと思います。

向こうの人たちは、ヴィンテージのスカーフを使うのが上手。長く使っているから生地がこなれて結びやすいし、色もなんともいえない味わいがある。蚤の市があって、そういう場所でお手頃に買えるのもいいわよね。

たくさん服を持っていなくても、いいスカーフが一枚あれば新鮮な表情になると感じます。

なんでもない黒のセーターも、ヘップバーンのようにきゅっとスカーフを巻くだけで、カッコよく見える。胸があいたシャツにスカーフを結ぶだけでも、女っぷりがあがるのよ。

これから挑戦するなら、小さめサイズのものがいいと思います。

最初からエルメスのカレのような大きいサイズのものは扱いにくいから、スモールサイズのスカーフからスタートしてみるのがいいでしょう。

最初の一枚は、自分の手持ちの服、とくに好きなシャツやワンピースに合うものを選ぶのが一番。スカーフの柄だけで判断しても、自分の服に合っていなかったら使えなくなっちゃうので、一番好きな服を着てお店に行って、実際に服に合わせてもらうといいですよ。たたみ方によって見える部分が違うから、いろんなたたみ方で試してみると間違いなし。

いろんなブランドの素敵なスカーフがあるけれど、やっぱりエルメスのスカーフは格別。シルクの厚みがちょうどよくて、長く使える。決して安くはないけれど、それだけの価値があると感じます。

エルメスでスカーフを買うと、どの国でも必ず巻き方の本をくれるの。小さな絵が描いてあって、いろんなバリエーションの巻き方がのっているのね。見ているだけでも楽しい気持ちになっちゃう。ネクタイ風にするのもありますね。それを見ながら、ちょこちょこ試してみるといいと思います。まずは慣れるところから。

いいスカーフをクリーニングに出すときは、ぴしーっとアイロンで線をつけられちゃったらがっかりするから「ふわっとアイロンをかけて」と伝えています。スカーフに限らず、日本のクリーニングは強いので、「ふわっと仕上げてね」と一言添えるといいと思う。

「スカーフは特別な日のためのもの」と、突然引っ張り出してくると失敗する。慣れてないとぎこちなくなっちゃうでしょ。そうすると、逆に周りがはらはらしちゃうのよね。

とっておきの一枚は、日頃から着慣れしておくと、リラックスした気持ちで着こなせます。服に「着られる」んじゃなくて「着こなす」コツ。それは、「とっておきこそ普段使いする」ことだと、私は思っています。

三宅一生さんから教わった
ストールを美しくまとう方法

イッセイさんに出会ったのは、まだ10代の頃。ちょうどパリから戻ってこられた頃に、最初のショーで使ってもらったのがご縁です。私も若かったから、ものすごく生意気だったと思うけれど、マリちゃんは面白い服の着方をするね、と気に入ってくれて、よくショーに呼んでいただきました。

イッセイさんとの仕事で印象的だったのは「大きく動いて」と言われたこと。僕のこの服は大きなものを表現したいから、大きく動いてほしいと言われたことが記憶に残っています。

当時は横尾忠則さんと組んで服を作ってらしてね。横尾さんがデザインしたイラストの大きなワンピースやTシャツ、すごく斬新だったんです。刺青の柄のTシャツを着たときなんかは、体に刺青を入れているような感じになって。いつも面白くて、刺激がある。それがイッセイさんの服です。

イッセイさんのコレクションで、一時期、アフリカやアジアの世界観に凝っていた時代があるんです。

アフリカやアジアって、大きな布をいろんなふうに巻いてまとうでしょ。インドに行くとサリーを巻いているのもそうですよね。そこにインスピレーションを受けて、大きなショールを使ってデザインされていた時代があったんです。その頃に、１枚のショールを服のようにまとう方法を教わりました。

ショールは巻き方にコツがあるんです。巻くときに、きゅっと引っ張ってから布同士を重ねると、布が縮もうとする力でぴたっと外れなくなります。何度も練習しているうちに、歩いても座っても崩れない巻き方がわかるようになりました。


ワンピースに大判のストールだけでパーティに行くなんていうのも素敵。ごくシンプルなブラックのワンピースにストールを合わせたりしている人を見ると、おしゃれなんだわって思うわ。

こういうときに使うのは、ドレス判という大判のストールです。

私は2枚持っているのだけれど、端のほうにいろんな石がついているものは、それだけでパーティにも出られちゃいます。布は、長いほど余裕が出てエレガントに着こなせます。

ブラックワンピースは、袖があるものがいい。正式な場所で女性が腕を出すのは品がないと思われちゃうから、ノースリーブは避けたほうがいいと思います。丈は膝よりちょっと下くらいが定番。膝が隠れるくらいタイトな形が綺麗よね。

腕を出すなら、逆にセクシーな肩紐のワンピースにするくらいがいい。この場合も必ずショールをしてくださいね。冬なら革の、夏ならレースの手袋を合わせると、とてもエレガントになります。

靴を磨くということは
自分を磨くということ

昔、スタイリストという職業がなかった時代は、モデルが全部自分で靴を揃えていました。デザイナーに「マリちゃん、今回はえんじ色の服ね」って言われるから、「はい」って言って靴屋さんに行って、えんじ色の靴をオーダーするんです。全部細いヒールで。

そのとき作った靴は、いまでもほとんど持っています。一番数が多いのは茶色。茶色って、ベージュっぽい茶色から、赤い茶色、レンガ色の茶色、チョコレートの茶色……ってあるんですよね。そういうのを全部揃えていました。だって言われるんですもん。「今度は明るい茶色がいいわ」って。

靴を選ぶときは、自分の足の癖を知っておくと選びやすくなりますし、足を綺麗に見せられます。どんなにいい靴でも、足幅が広いのに無理をして細い靴を履いてると、お肉がはみ出すからみっともなくなっちゃう。自分の足に合った靴を選ぶことが一番大事。

私は甲高なので、普通の木型だと合わない。だからまずはいろんな靴屋さんに行って履いてみて、この靴屋さんの型が私に一番合っているという店を見つけて、そこでたくさん買いました。

こういうのって、いっぱい足を入れればわかるものなんですよ。「あ、気持ちいい〜」みたいな。それで、ちょっと歩いてみる。私は一歩歩いてダメなら、絶対に買わない。履いてリラックスできないと地獄のようになるでしょ。どんどんむくんでくるし。歩いて辛い靴は、結局使わなくなっちゃうから。

どうしてもその形の靴が好きで履きたいときは、１つ大きいサイズを買って、中敷きを入れて調節して履きます。５ミリ大きいだけだから、そんなに大きくない。

ヒールの高さは、高すぎるのも大変だけれど、あまり低いのも体が疲れます。ある程度高さがあったほうが足のためにはいいんですって。私の場合、早く歩けて楽なのは、５センチから６センチくらい。７センチになるとギリギリ。それ以上だと負担がかかって長く立っていられないし、歩けない。

普段あまりヒール靴を履かない人だと、最初のうちは前のめりになっちゃうかもしれません。そういうときは、中敷きを前だけに入れる。そうすると、前のめりがずいぶんラクになります。私もよくやっています。とくに革が薄いものは、地べたに着いている感覚が強いし、クッションがないから疲れるんですよね。魚の目ができちゃったりして。だから、自分で調節してクッションを入れてあげる。そうすると、ぜんぜん違います。


靴は、箱に入れて保管します。

買ったときに箱がついてきますよね。そこに全部保存して重ねて置いてあります。中身がわかるように、箱にはプラダとか、ディオールの赤、とかマジックで書いてあります。

保管するときは、まずはブラシで汚れをとって。革は一回、布でから拭きしてから磨いてあげる。そうすると、靴がすごく喜ぶのがわかるの。革が生き返ってきます。

革がクリームを欲しがっているようだったら、色がつかないクリームをちょっとつけてあげて、がーって磨いてあげると靴が喜ぶんです。断然、長持ちしますよ。

磨いた靴はすぐ箱に入れないで、１日置いてあげたほうがいいです。箱に入れると風通しが悪くなるし、クリームってカビの元になるから、１日置いて次の日に中に入れる。先のほうだけ紙を入れておくと、シワが出ません。


こういうことって、ちょっと手間がかかると感じるかもしれないけれど、私の場合これをおろそかにすると、なんか心にもやもやが溜まってしまうんです。

自分が気に入って買ったもの。自分があのときすごく喜んで買ったのにな……というそのときの思いまで大事にできないと寂しい気持ちになっちゃう。ものを粗末にするってことは、自分を粗末にしていることなんでしょうね。

逆に、靴を大事に磨いたり、綺麗にすると元気になれます。ああ、綺麗になった、靴も喜んでる、嬉しいなってなると、自分も元気になれる。

きっと、靴を磨くという行為は自分を磨くことと同じなんだと思います。

この感覚は、すべてのことに通じるかもしれません。

ユニクロも欠かせない

いい服を大事に使う一方で、アンダーウエアは、ユニクロで買います。いま住んでいるところは、冬になると本当に冷える場所だから、ヒートテックは欠かせません。

裏起毛のズボンも毎年のように買っているし、パーカーやダウンジャケットも、重宝しているの。

とくに裏起毛のズボンはメンズとレディース、両方愛用していてガンガン穿いてます。メンズは自宅用として。レディースはちょっとした外出にも便利です。毎年少しずつデザインや素材が変わるのも面白いですね。

定番のものは、わざわざお店に行かなくてもネットで買えるから便利よね。私が住んでいるところは大型店がないから、もっぱらネットですが、画面をじーっと見て買うとだいたいアタリなのよ（笑）。自分の勘の良さに感謝ですね。

日本のファッションブランドは、きちっと綺麗な縫製をするけれど、パターンやカッティングはまだまだと感じます。立体的なデザインが弱いんですよね。

でも、ユニクロは、いろんな海外の有名デザイナーとコラボレーションしているでしょ。

バレンシアガのクリエイティブ・ディレクターも務めたアレキサンダー・ワンや、エルメスのアーティスティック・ディレクターだったクリストフ・ルメール……。毎年、海外のコレクションで注目を集めるデザイナーとのコラボが話題になっていますよね。

そうやってコラボレーションすると、彼らがデザインしたズボンやジャケットの型紙が、ユニクロに財産として残っていくんです。クリストフ・ルメールとのコラボ、ユニクロ ユーのジーンズを先日買ったけれど、これもよかった。シンプルだけど個性的でね。

だから、これからユニクロはどんどん、綺麗な形の服を作っていくはずですよ。

アクセサリーは直感を信じて選べばいい

アクセサリーって、その人の個性が一番出やすい場所だと感じます。ゴールドがいいとかダイヤがいいとか、押し付けられてつけるものではないと思うの。自分は何が好きか。その直感に従って、飛びつくところから始めればいいんじゃないかしら。

私の場合は、大きなざっくりとしたものが好きだし、真珠やサンゴのような、海のものが好きだと感じます。

以前、ヒマラヤのサンゴに出会ったことがあるんです。ヒマラヤでサンゴ？　と思うでしょ。でも、ヒマラヤって昔は海だったんです。だからサンゴが出る。いまはもう採り尽くされてしまっているけれど、王族の人たちは、サンゴを鎖にしてネックレスを作っていたらしいんです。

これを香港のアンティークショップで見つけたとき、もう、これは買わなきゃいけない！　って思っちゃったのよね。

私の場合はたまたまサンゴだったけれど、ダイヤモンドが好きな人もいるだろうし、ゴールドが好きな人もいると思う。同じゴールドでも、細かい細工のものが好きな人がいれば、じゃらじゃらするのが好きという人もいるし。

自分の「好き」がわかっている人は、あまりうろうろしないで、そこだけずっと攻めていけばいいと思います。そうすると、その人らしさが出てくる。アクセサリーって、なんだかそういうところがあるんですよね。

流行や人の意見に左右されて変えなくていいと思うの。

ジュエリーは海外のアンティークショップで探すことが多いのだけれど、いろんな人の話を聞いた結果、新しいお店で買うのは危険かなと思って避けています。

ダイヤモンドでもエメラルドでも、いまは鑑定士も騙されるレベルで染められるらしいですよ。なので、アンティークでも、ちゃんと古くからある名前の通っているお店で買うことが多いです。

といっても、別に本物である必要があるわけでもないと思うのよ。自分が好きだ！　惚れた！　と思ったら、それが本物でも偽物でも同じ。好きなものからはエネルギーをもらえるわけだから、本物だろうが偽物だろうが、気持ちがいいと思うの。自分にとって気持ちがいいものなら、それを優先するのがいいと思う。

逆に、どんなに高級なものでも、誰かに勧められて、気乗りしないうちに買ったものは、いずれつけなくなっちゃうのよね。

アクセサリーこそ、自分の心の動きに合うものをつけるといいと思います。

ブライトカラーの服で
肌を元気に見せる

年齢を重ねたからこそする工夫は、明るい色の服を着ること。ただ、これはビビッドな色の服を着ればいいというわけではなくて、肌色を綺麗に見せてくれる色を選ぶのがいいの。

同じピンクでも、ベビーピンクは顔を明るく見せますね。濃いピンクは、発色が綺麗なら顔も綺麗に見える。でも染み込んだようなくすんだピンクだと、ぱっと見の発色が悪いから肌色も悪く見えてしまう。これ、歳をとったら気をつけないと、と思っています。

ブルーも同じ。発色が悪いと、くすんだような感じになっちゃうから。あまりマットすぎちゃうと色が光らないから、顔色も一緒に落ちてしまう。これはみなさんも意識されるといいんじゃないかしら。

ニットは、糸の素材によって、やっぱり肌色が全然違って見えるのよ。編み方のデザインで暗く見えるものも、明るく見えるものもあるから。

まずは、服とぱっと目が合ったときに、この色は光っているか、沈んでるかという判断をするといいと思います。


と言いながら、矛盾するようだけど、肌映り以上に大事なのは、自分が好きな色の服を着ることね。やっぱり、好きな色を着ていると、自分が強くなれるもの。


衣替えのときに、洗濯をしたり虫干しをしたりすると、自分が普段着ている服がばーっと並ぶでしょ。そのとき、自分はこういう色が好きなんだなと思って、感慨深く思います。

私の場合は、鉄のような濃いブルー。それから、可愛らしいベビーピンク。砂漠色のベージュも好きね。ときどきレンガ色も着ます。

若いときはいろんな服を着ていたけれど、袖を通すと自然と自分が落ち着いたり元気になれたりする色があるのね。それを少しずつ集めるようになりました。

色は脳の活性化にもいいらしいですよ。絵描きって、長生きの人が多いじゃないですか。好きな色に囲まれて生きていくと、きっと心も体も喜ぶんでしょうね。

ときどき「見られる」感覚を呼び戻す

お出かけするときは、やっぱりおしゃれをしたい。私の場合、いまは田舎暮らしなので、パリッとした服を着ると浮いちゃうから、たとえば着心地のいいワンピースを着るとかね。同じワンピースでも、いま住んでいるところでは、前のボタンをあけてリラックスした雰囲気で着こなします。東京に行くときは、びしっとボタンをはめて、ポケットに手を入れて颯爽と歩きたい。そうすると、体がしまって気分がいいのよね。

やっぱり、人って「誰かが自分を見ている」ことに敏感でいることが、とても大事なことだと思います。

パリのカフェなんて、オープンカフェでお茶を飲んでいても視線は通りのほうを向いていて、「あの人、素敵ねえ」なんてウォッチングしているんです。

歩くほうも見られているのを知っているから、緊張感を持って歩いている。それこそ、ポケットに手を突っ込んで、いきがって歩いてみたり、その逆でやわらかい身のこなしでエレガントに歩いたり。そういう視線にさらされることで、女性は磨かれていくと感じます。パリの女の子たちは、子ども心にそういうのを見て研究しているんでしょうね。想像力も必要。香水はなにをつけているのかしら？とかね。

当時知り合いに絵描きの女性がいたのだけれど、彼女なんかは60歳をすぎてもすごく色気があったわね。歩き方なんかも、さっさっと歩いて。とてもカッコいいの。あれは、きっと自分にちゃんと注意を向けているからこそ、生まれるものなんでしょうね。

だから、私はいまでもお出かけするときは、「勝負する」気持ちでお出かけします。そうじゃないと、隙だらけになっちゃうから。もちろんいろんな人がいていいんですよ。お化粧をしない人も、パリッとした服を着たくない人もいると思います。自分が選んでそれをしているなら、全然いい。でも私は、歳を重ねても素敵な人って、こだわりがあったり、筋があったりする人だなと思うんです。

ファッションに関しても生き方にしても、「自分はこれが好き」「私はこれを身につけるんだ」という気持ちがある人は、綺麗に見えると思うんですよね。

だから、ときどきでいいから、人からの見られ方を意識して、背筋を伸ばしてお気に入りの一着に袖を通すといいんじゃないかなと感じます。自分に芯が通って、ぐっと力がみなぎりますよ。

自分が好き！　と思った服は、
服も味方になってくれる

ずっと、モデルには寿命があると言われてきました。気に入ってくれていたデザイナーであっても、デザイナーの気分や時代が変わるたびに、使われなくなってしまうから。それは、現実にしょうがないこと。

私自身も、40歳を目前にした頃、モデルの仕事だけでは食べていけない時代がありました。

そのときは、イッセイさんのところでスタイリストをやらせてもらったり、知り合いの写真家のマネージメントをお手伝いしたりして、いつもファッションに関係した仕事をしていました。するとまた時代が変わって、モデルとして使ってもらえるようになったり。私のように、いろんな仕事をしながらモデルを続けてきた人は珍しいかもしれないですね。

モデルじゃないにしても、この業界にいたいと思ったのは、やっぱりファッションが好きだから。好きという気持ちほど強いものはないと感じますね。

カメラの前に立ったときは、服の声を聞きながらポージングをとっているの。

服って、みんな「こんなふうに着てもらいたい」とか「こんなふうに動いてくれたら綺麗に見える」って話してくれるんですよ。汚れていたら「洗ってほしい」と語りかけてくることもあるのね。だから、あまり頭で考えず、服がこうしてほしいと言うままに動くことが多い。

私が服の声が聞こえるようになったのには、２つの理由があると思っています。

ひとつは、母の教え。

母は、いつも「形あるものは生きている」と言っていたの。小学生のとき、家から駅まで歩く途中、塀があったんだけれど、その塀に語りかけてみなさいって言うのね。「おはよう」って言うと、向こうも「おはよう」って言うのよって。

塀だけじゃありません。服でも花でも動物でも、自分自身の体でも。形あるものはすべて生きている。だから、話しかければ必ず応えてくれるというのが、母の教えだったんです。

もうひとつは、モデルになる前にやっていたパフォーマーとしての経験が大きいと思います。実は私、ダンサーになりたかったんですね。コンテンポラリーダンスを中心に、パントマイム、お能、舞踊と、いろんな表現を学ばせてもらったの。

モデルをやるときに、そこで学んだことを生かして表現してみたら、ずいぶん面白いと言ってもらえたのが、私がモデルを続けられた理由だと思う。

モデルとしては身長が足りなかったり骨が太かったりして、プロポーションには自信がないんだけど、「表現者としては誰にも負けないぞ」と思えたのがよかったんだと思います。

そして、いろんなものを着させていただいてきたという誇り。ほとんどのものを着させてもらいましたからね。サンローランから、モンペまで。ほんとよ（笑）。

だから袖を通した瞬間に、自分が服とひとつになれるという感覚を信じているんです。ふっと、空気感が変わるというか。その服の空気感になるんですよね。

私は、アバンギャルドな服も、フリルのあるようなフェミニンな服も好きです。それは、自分の中に、その双方の性格があるから。自分の内面に持ち合わせないものは、やっぱり表現できないのね。モデルたちは、みんな「自分がどういう服を着こなすのがうまいモデルなのか」をわかって表現をしています。

でもこれは、なにもモデルに限ったことではないんです。

どんな女性でも、「この服が好き」と思う服は絶対に上手に着こなせるんですよ。それは、服があなたの思いに応えてくれるから。

だから、あなたが好きな服にほど、いつも声をかけてあげてくださいね。そうしたら、いまよりさらに素敵に着こなせるようになるはずです。

身だしなみと装い。
そして年を重ねる
ことについて

ショートヘアは
襟足で色気を残す

私にとってショートヘアはトレードマークのようなもの。20代の頃から、ずっとショートヘアです。

最初に切ったのは、パリコレに出たとき。それまでオートクチュールをやっていたから、少し長めのフェミニンな髪型をしていたのだけれど、ヘアメイクさんに「マリはショートがいいんじゃないの？」と勧められたのね。それで、ばっさり。

そのときは髪の長さが1・5センチしかなくて、「鳥」ってあだながついたくらいよ。私、鼻が出ているから、ショートにすると鳥っぽく見えたんでしょうね。

でも、あのときは本当に切ってよかったと思った。ショートにすると、歩き方も変わるのね。髪が長いときは、歩き方もやわらかく女っぽい感じになるけれど、ショートだと歩き方がアグレッシブになった。挑むような歩き方ができるようになったの。

パリコレって、華やかに見えるかもしれないけれど、誰もが勝負しに行っているところ。フェミニンな気持ちでやっていたら、あっという間に潰されてしまう。だから、あのときショートにイメージチェンジしたことは、私にとっても大きな転機になったと思っています。

私がこだわっているのは、襟足。ここが色っぽくないとショートはダメ。ここに長さを残すと、女性らしさが出るのね。もしも襟足を刈り上げられたら、もう、ひっぱたきたくなっちゃう（笑）。メイクと同じで、横顔が全然違っちゃうのよ。

もみあげも顔に沿うように残しています。ここをばつんと切ると、ダサくなっちゃうから。

カラーリングも、昔よりずっとよくなってきて、すごく速く染まるようになった。しかも、しっかり染まるから、白髪が目立ちにくいのね。

いまは白髪のままでもいいじゃないというブームがきているけれ

ど、私自身はいつまでも染めておしゃれをしたいと思っています。それは、そのほうが、自分自身が気持ちいいから。

東京で染められないときは、自分で染めちゃうこともあります。グリーンとか、オリーブっぽい色が好き。白髪に抵抗することで、気持ちがしゃんとする感じも好きなんです。

香水はくぐるもの

ちょっとテンションを上げたいなと思ったときは、朝から香水をつけるようにしています。

香水は体に直接つけるのではなくて、上に向かってシュッシュッとプッシュして、そのシャワーの中をくぐるような感じ。自然に体に香りをまとえるから、強すぎずに嫌な感じにならないのね。

朝、起きて窓をあけて、そのとき入ってきた風の感じでどんな香水をつけるかを決めることが多いです。夏なら、オレンジの香りがする香水とか。濃厚ないちじくの香りの香水も好き。とても気持ちがいいの。

お気に入りの香水は、ラルチザン パフュームというブランドのもの。フランスの香水で、少しお値段は張るのだけれど、香りがビビットで素敵。パリでも、アーティストや、ファッション関係の人たちが好んで使っていました。パルファムだとちょっと重いので、私はオードトワレ派。

香水だけではなく、タンスの引き出しに入れるサシェやローソクも持っています。日本だと、伊勢丹や大丸などで買えます。

調香師の方が何人かいるそうで、季節に合わせて使い分けるのが楽しい。春はお花の香り、夏は柑橘系を使うと、頭がすっきりして気持ちがいいと感じます。もちろん夏は、海の香りも素敵よね。秋冬は樹木の香りをまとうと、心がすっと落ち着きます。それぞれ個性的な香りなのだけれど、同じブランドであれば、混ざってもいいように作られているというのも素敵なところ。

香水って、自分ひとりのものじゃなくて、つけることで、一緒にいる人も気持ちよくなれるのがいい。通りすがりにいい香りがすると、そっちに寄っていきたい気持ちになっちゃう！

そういえば、ラルチザンの香りの中に「いじわるオオカミ」という名前がついているものがあるのね。あれはきっと、つい側に寄ってついていきたい気持ちになるからじゃないかと想像しています。

自分の気持ちがままならないときは、濃厚な香りをつけると、元気になれるし、気分も上向くのを感じます。逆に、あまり落ち着かない気分のときは、リラックスできる香りを使う。寝る前につけると、ゆったり眠れる香水もあるから、それを使うのも好きです。ぐっと気分を高めて、勝負をするための香りもある！　私の場合、「森のパウダー」という香りが、勝負の香り。それをつけると、気分がぐっと持ち上がって頑張るぞって気持ちになれるの。

脳って、鼻からすごく近いから、落ち着いたり、活性化したりという反応がすぐに出るように感じます。

自分のバランスを整えるために。自分を活性化させるために。自分をリラックスさせるために……。香水を味方につけるようになってから、人生が楽しくなっています。

三面鏡で自分の顔をしみじみ見る

自分の横顔って、自分では見ないけれど、人は意外と見ているもの。その横顔を、カッコよく、そして可愛く演出する方法は、モデルを続ける中で学びました。

まず、顔を平面ではなく立体で捉えること。

日本には三面鏡があまりないし、着物も平面的な裁断だから、私たちはあまり自分の顔や体を立体的に捉える訓練をしてきていないのかもしれません。

私も自分の顔でメイクの勉強をしたときは、最初に三面鏡を買いました。鏡をのぞいてびっくりしたのは、右側の顔と左側の顔が全然違うということ。だいたい女性は右側の顔のほうが強くて、左側のほうが優しい表情をしている人が多いんですって。

それを知ってからは、たとえば帽子の撮影でも、その帽子がエレガントなときは左の顔を出す。強い主張のある帽子のときは、意識的に右側を出すようにして撮影するようになりました。同じ自分の顔なのに、面白いものです。

眉を描くのでも、三面鏡があると自分の額が見えるから、いい感じの眉が描けるの。正面だけ見ていると、その角度からのいい眉しか描けないのだけれど、三面鏡だともう少し足したほうが可愛いじゃないとか、もっと細くしたほうがいいんじゃないかって、自分の顔に発見があるのよ。

どれだけ太眉が流行ったとしても、私がやると野暮ったくなってしまう。やっぱり、自分の顔のバランスに逆らうと、うまくいかないと感じます。

目のラインも、しみじみ観察すると面白いの。

私は、目の形が切れ長ではなくドロップ型だから、どうしてもタレ目になりやすいんです。それが嫌だから、目尻の最後のほうを引き上げて描く。そうすると、引き締まった顔になるし、若く見える。それに鼻が大きいから、眉もアイラインも内側に入れちゃうとバランスが悪く見えるのね。

こういうのは、じーっと自分の顔を観察してわかったことです。眉頭の生え際を2、3本抜くだけで、中心に寄っていた顔がバランスよくなって、驚くほど華やかに見えたりするんですよ。

しっかりアイシャドウを入れると、私の場合、顔が濃くなっちゃうから、入れるとしたら光り物をふわっと入れて、なるべく外側にのせる感じ。でも、ときどき気晴らしに青空のような綺麗なブルー、それも少しパールが入っているようなのを、ちょちょっと外側に入れると違ってくる。顔が明るくなるのね。

ファンデーションは、いまの時代は薄くしたほうが新しく見えると感じます。私はほとんどファンデーションは使わない。ただ、目の周りだけは、疲れると黒くなるから、そこは塗っているわね。あとはシミの部分にちょいちょい塗るくらいで。

昔は服も厚ぼったくて、お化粧も厚ぼったかったでしょ。いまは服の生地や繊維自体が薄くなっているので、厚くファンデーションを塗ると古くさく見えちゃう。塗っているのがわからないくらいの薄づきが、いまはおしゃれに見えると感じます。

こういうことを言うと、化粧品会社は私を広告に使ってくれなくなっちゃうけど（笑）。

若いときに比べて、自分の顔をしみじみ見る機会って、減っていますよね。だけど、いくつになっても、自分の顔をチャーミングに見せる方法を考えるのは楽しい。

シワもシミも増えるけれど、それでもいまの自分の顔を一番素敵に見せることをあきらめない。そこで、「まあいっか」「仕方ないよね」と思うと、一気に老け込む気がするから。ときどき鏡に向かって笑顔の練習をするのよ。口角や頬が上がっているだけでも、女性は素敵に見えるものだから。

やっぱり、いまの自分を一番素敵に見せることを考えるほうが、楽しいじゃない。誰だって、自分の顔とメイクを研究したら、絶対に昨日より素敵な顔になるはずですよ。

寝る前に自分の顔と体を触る
今日も一日、ありがとうって

田舎に引っ越してきて悩んだのが、手荒れや肌荒れ。どうしても乾燥しちゃうのね。だから大事なのは保湿。ちょっとカサついてきたなあと思ったら、普段使っている化粧水や乳液をいつもの倍使います。

このときは、ゆっくりゆっくり。化粧水を手にとったら、自分の顔をそーっと包むように優しく触れる。そうすると、肌がその水分をすーっと吸い込むのがわかります。吸い込んだのを感じたら、もう一度同じことをくり返す。

一度に大量に塗ると浮いちゃうのね。だから、染み込んだと思ったらまた入れる。これをくり返します。

化粧水は２度から３度くらい。やっているうちに、肌が「もう十分うるおったよ」と感じるのがわかるから、そのあと乳液を１、２度のせていく。

ものによるけれど、脂っこいものなら１回でいいかな。栄養クリームは最後に2回くらい。乾いたらまたのせるというイメージ。すぐにクリームを吸収するようだったら、肌が欲しがっている証拠だから、もう一度上からのせてみて。

それぞれ何回くらい入れればいいかというのは、肌に聞いてみるといいのよ。「もっと欲しい？」って。だんだん手触りがもちもちしてくるから、そうしたら十分いきわたったということ。

顔だけではなくて、手や足もいたわってあげます。畑仕事をするとやっぱり手が荒れるし、寒い時期はとくにひび割れしやすくなるので、手の保湿は欠かせません。

ハンドクリームも化粧水と同じで、一度全体に塗ったら、もう1回のせてみる。二重三重に重ね付けすると、ひび割れしません。

足は木綿のソックスを穿くようにしています。寝る前には、保湿力の高いオイルを塗ってから寝る。そうしないとガサガサになっちゃうのね。このとき、手をそっとのせて足をさすってあげるのがいいんですよ。

すごく疲れているときは、足や腕を自分でさすって「大変だったね。頑張ってくれたね」と声をかけるんです。「ありがとう」という気持ちを込めて、ゆっくりさすってから布団に入ると、不思議なことに、次の日はすっきり疲れが取れているのよね。

「手当て」という言葉はよく言ったもので、手からは光が出ているんですよ。光明というらしいです。自分の手ほど、エネルギーを持っているものはありません。その手で自分の体をゆったり包んであげて「今日も頑張ってくれてありがとう」と語りかけると、体は自然と元気を回復してきます。

本当に体がきついときは、体をさすって声をかけていると、知らず知らずのうちに涙が出てくることもあります。そういうときは、自分も辛いけれど体だって辛いのよね。それをちゃんと受け止めて

「お疲れさま」とねぎらってあげると、マッサージに行くよりも体が軽くなる。

自分の中に何かがたまっているなあと思うときも、深く息を吐きながら、体をさすっていくんです。

そうすると、どこを触ってほしいか、自然とわかってくるんですよね。体がいま、触ってほしい場所に自然と手が伸びるんです。その場所をゆっくり呼吸をしながらさすっていると、おりのようなものがすっと抜けていく。凝り固まっていた内臓も動き出すのがわかります。

このときボディ用のオイルを使うと、さらに血行がよくなってぐっすり眠れます。仕事でホテルに泊まるときも、移動で足が疲れていたりするから、必ずオイルを持っていきます。そのまま寝るとむくみがとれないのだけれど、ほんの5分でいいから自分でマッサージすると、滞りがなくなるのね。

心臓のところをゆっくりさすったり押さえてあげるのもいいですよ。ゆっくり呼吸しながら、胸を触るんです。一日中休むことなく動いているんですもの。大変な労働ですよね。止まったら死んじゃうわけだから。だから「今日もありがとう」と心臓に声をかける。心臓だけじゃないわよね。細胞ひとつひとつに命がある。たくさんの命をもらって生きてる。そんなことを感じます。

体を大事にする方法は、母から学びました。亡くなるだいぶ前だから、20年くらい前だったでしょうか。母は普通の主婦でしたけれど、仏教徒で信心深かったんですよね。なにをするのでも「ありがたい、ありがたい」というのが、口癖の人。

私がいまでも現役で元気にモデルを続けられているのは、自分の体や周りのものに話しかけることを教えてくれた母のおかげだと思っています。

3日で痩せる短期ダイエット

田舎に暮らしていると「私、いつも着ぶくれしている」と思っちゃいます。とくに秋冬はぐっと冷え込むから。畑仕事するにしても、山道を歩くにしても、ヒートテックと裏起毛のズボンは必需品。毎日ファッションの仕事をしていたときからしたら、考えられない格好よ。でも仕方ないわね。生きるほうが先だから（笑）。風邪をひいたり肺炎になったら大変だし。いつ仕事が入ってくるかわからないから、健康管理はしておかないと。

時期的に、今月は暇だわってこともあれば、突然３日後にファッション誌の撮影が入るってこともあるんです。体型は常にキープするように意識していますが、ときには、しまった！　いま、太っちゃってるじゃない！　というタイミングのときもあるんですよ。だから、１日で２キロくらい痩せる方法は、自然と身につきました。

私の場合は、便秘がちなので、まずは下剤を飲みます。腸に残っているものを出すと、すっきりする。

そして、昼間はお米やパンのような、炭水化物と甘いものを食べないようにします。夜はお腹がすいちゃうから、木綿豆腐のみっちりつまっているようなものを、わいわい食べる。冷たいものを食べるのは体によくないから、お野菜も一緒にあたためて、湯豆腐のような感じで食べます。これだけで、すぐ2キロは落ちるわね。

もう少し期間が長いときは、食事制限ではなく、運動して引き締めるようにしています。1週間から10日あれば、運動をして筋肉を落とさないようにしながら引き締めるのが一番いい。自分も楽なんです。まずは、早足で山道を歩く。このとき、できるだけ大股で歩いたり走ったりするといいですよ。うちの周りは坂が多いので、そういうところを山伏みたいにガンガン走るの。枝をかきわけかきわけ。足もスニーカーなんかじゃダメよ。怪我しちゃうから。山を歩くような底の厚いものを履かないと。

こういうときは体力を落としたくないので、食事制限はあまりしない。気をつけるのは、夕食で炭水化物を食べないようにすることくらいです。

人間の体って不思議なもので、体の反応もある程度脳でコントロールできるんですよ。

たとえば、モデルは撮影のときに汗をかきません。真夏の炎天下でカシミアのタートルセーターを着て、羽毛のコートを着て、手袋をはめても、顔から汗ひとつ流さないのがモデルなんです。スタッフなんてみんな、半袖でも汗だくなのに、こっちは涼しい顔ができる。これは自分の体に「汗をかくな、かくな」と言い聞かせているんです。それくらい、体の反応は脳でコントロールできるんです。

ダイエットも同じ。この日までにという強い目標があれば、脳がそれをキャッチしてくれる。もちろんむちゃくちゃな食事制限を何日もするのはよくないけれど、ここぞというときは、気合いを入れると体が応えてくれるんです。

うまくいかないと思うときは
花を1輪買う

最近なんだかうまくいかないことが多いなあと思ったら、まず部屋の掃除をします。

部屋が綺麗になったら、すっきりするし、気持ちが軽くなる。ちょっとあの人に会ってみようかとか、新しいことにチャレンジしようかしらとか、インスピレーションがわくの。淀んだ空気の中にいたら、いい考えも浮かばないのかもしれないですね。私にとって、部屋の掃除は、「気」の入れ替えのようなものです。


お部屋が綺麗になったら、小さな花瓶にお花を1輪、2輪飾ってみる。そして毎朝そのお花のお水を替えることを意識します。

水を替えるときは、茎の部分を綺麗に洗って、またそこを切って花瓶に戻す。切り戻しするときは、冷たい水の中で切ってあげてね。水がぬるいと、元気がなくなっちゃうから。

私は、毎朝水を替えるときに、花に話しかけるんですよ。「こんにちは」って。そうしたら相手もちゃんと、挨拶してくれるの。

いまは、一人暮らしをしているけれど、毎朝お花と挨拶するだけでも、一日の始まりが感じられて、気持ちいいと感じます。

花は、特別なものでなくてもいいの。家の周りに咲いている小さな花でもいい。いま、私の家の周りは、近所のおばあちゃんが植えてくれたラッパ水仙がいっぱいだから、それを少しいただいて挿しています。

お花屋さんで買うのなら、薔薇やカサブランカを少しだけ。薔薇やカサブランカは高いし、ちょっと贅沢かなあと思っちゃうのだけれど、ちゃんと毎日お水を替えれば長持ちするのよね。強い花は、強いエネルギーをくれるから、自分もぱっと元気になれます。

もちろん、野の花のように可憐な花も好きで、ときどきいただくこともあるのだけれど、野の花は切っちゃうと一気に弱ってしまうものが多いみたい。地面から生えているのが一番幸せなのね、きっと。

部屋を掃除したり、お花のお世話をしたりすること。

それでどうして人生がうまく行き始めるのか、最初は不思議だったのだけれど、きっと、自分を大事にする感覚を思い出すからだと思うの。

自分を大事にすると、相手からも大事にされる。

相手から大事にされている感覚があると、もっと自分を大事にしようと思う。そういうサイクルが回るんじゃないかなと思います。

そのはじめの一歩を踏み出すのに、自分の身の周りのものを大事にすることから始めるとうまくいきやすいのかもしれない。

まずはお掃除。そして花を1輪。私の合言葉です。

40歳から女が面白い理由

自分の思うように生きたい。

すべて自分が計算したように生きたい。

若いときってどうしても、自分中心に考えてしまうことがあったと思います。

でも、それだけではうまくいかないと気づいたのは、歳を重ねてから。物事には自然の流れがある。それに逆らっちゃうと、人生がうまくいかない。あるとき、そう気づいたんです。

全部自分で仕切っちゃって、自分の思うようにしているとバランスが狂ってしまうみたいです。

お金だってそう。

お金持ちになれば幸せかというと、そうでもない。無理やり稼いできたお金だったら、自然にものが流れていないから、実は不幸なんですよね。そうやって傲慢にお金をかせぐと、不思議なもので、いいことが起こらない。夫が浮気したとか、ね。

大人になって手に入れることができたもののひとつに、「素直さ」があります。

たとえば、「あなた、それはちょっとやめたほうがいいんじゃない？」って言われたら、「はい」と引く、素直さ。

その素直さがあってはじめて、物事がすっと流れていくんですよね。潔く身を引けると、本当にいいことが起こる。自分にプレゼントがある。

いま振り返ると、自分が若かったときの「自分を大切にする」は、ちょっとエレガントじゃなかった。どうしても、「自分が、自分が」になりやすい年頃だし。自分が計算した通りに物事が動かないと嫌だと思っちゃうし。

でも、大人になってからの「自分を大切にする」は、自分を丁寧に扱いながらも、自然に身をまかせることができるしなやかさがあるように思います。それが素敵だし、若いときには醸し出せなかった色気につながるんじゃないかしら。

なんでも自分で仕切れると勘違いしている人と、うまくいかないことも素直に受け入れて楽しもうとラクな気持ちでいる人と。この差が大きく出てくるのは40歳くらいなんじゃないかしら。この年齢になってもエゴが強いと、だんだん孤独になってしまうことに自分でも気づく。だから人間は、それくらいの歳から、謙虚になれるのかもしれませんね。

謙虚になると、実は人生を楽しめるんですよね。

田舎に引っ越して
星を見るようになったら
目がよくなったの

年齢を重ねる中で、どうしても避けられない体の不調ってありますよね。更年期もそう。

私の場合、かーっとなるようなことはなかったのだけれど、まっすぐ立ったりまっすぐ歩いたりできないことに2年くらい悩みました。

モデルなのに、まっすぐ立っていられないなんて、仕事ができないということじゃないですか。もう、この世の終わりじゃないかと思うくらい不安だった。

それが更年期の症状だということを教えてもらって、薬を飲むようになってから、だいぶ楽になりました。

人間って原因を理解できると、いいんですね。原因がわからないと不安が不安をよぶから。

あの時期を経験した人間からすると、まず焦らないこと。不安がらずに信頼できる人に相談すること。格好をつけようとする人は相談しにくくなるのだけれど、誰にでも訪れることなのだから、恥ずかしがらずに相談するのがいいと思いました。

歳をとるとこういうことが起きるということは、若いときにはわからなかった。でも、ひとつずつ受け入れていかなきゃね。自分は自分の体と一生付き合っていくわけだから。

実は、40歳くらいから目も悪くなってきたんですよね。もともと目がよすぎたこともあって、老眼が早く進んだの。

でも、田舎暮らしを始めたら、また目がよく見えるようになってきた。

母に、昔「目は星を見て治しなさい」って言われていたのね。遠い星を見ていたら、ピントを測る機能が戻ってくるからと。それで、少し意識して星を見るようにしたのね。そうしたら、どんどんよくなってきた。いまは、ケータイの小さな文字でも見えるようになったから、驚きよね。

そういう自然の治癒力があるのに、あきらめちゃうからどんどん悪くなっていくのかもと感じました。


目も歯も爪も、言って聞かせるのがいいと思う。

「まだまだ、ともに頑張ろう」

「まだ入れ歯は嫌よね」

そんなふうに話しかけていくと、体も「まだまだいけるぜ！」って、応えてくれるように思います。

年齢を重ねると、
手離さなきゃいけない
ものもあるけれど
手に入るものもあるのよね

モデルの仕事を天職だと思ってきた私が、否応なく年齢と向き合わなくちゃいけなくなったときがありました。

あれは、40歳を目前にしたときのこと。

当時、私の周りにはその年齢までモデルをしている先輩はいなかった。美しい服を着こなすのは、若いからこそ務まる仕事だと思われていたし、実際、自分自身の体型も変化しているのに気づきはじめてね。

それまで、なんなく着こなせていた服のバランスが取れなくなったとき。あのときのショックったら、なかった。「こんなに好きな仕事なのに、もう、続けていけないんだろうか？」と思うと、途方にくれちゃって。

だけどそのとき、「もう私は歳だから」ってあきらめたら、その瞬間、ずるずると老け込んでしまうと思ったの。ここはいっちょ踏ん張りどころだと思ったわ。

体型が変わるのは仕方ない。顔の皮膚がたるむのも仕方ない。だったら、そんな自分をどうやって魅力的に見せるか。いまの自分をちゃんと受け入れて、それでも素敵でいるためには、どうすればいいかと考えるようになったの。

それからかしら。いままで以上に、背筋をしゃんと伸ばして歩こうと思ったり、いつでも笑顔でいようと思うようになったのは。大人だからこそ魅力的に見える仕草やポーズを研究するようになったのね。

たとえば、背中。

若いときは、どうしても顔や胸が大事だと思ってしまう。でも、大人になったら、背中が綺麗な人が美しいなあと気づいたの。

前はね、お化粧やアクセサリーで、いくらでもごまかせるでしょ。でも、背中はごまかしがきかない。だから背中には本当の美しさが出るなと感じます。

背中を綺麗に見せるためには、まずは、背筋をすっと伸ばして、あごを少し引く。そうすると誰だっていまより綺麗に見えるんです。一度その姿勢を作ったら、あとはリラックスして、ふっと肩の力を抜く。これで、ずいぶん変わるんです。

歩いているときも、座っているときも、ちょっとだけ背中に意識を払う気持ちでいると、それだけでだいぶ違うのよ。

いまなんて、私、バーにすごく素敵な男性がいたら、わざとその人に背中を向けるもの（笑）。そのほうがきっと、「素敵な女性がいるなあ」と思ってもらえるはずって。

そうやって研究をして、いまの自分を魅力的に見せる方法を考えるようになるのも、大人の女性の楽しさじゃないかなと最近思うんです。

女は灰になるまで色気を持たなきゃ

先日KENZOの高田賢三さんと、「VOGUE」で対談をする機会があったんです。

そのとき、編集の方が賢三さんに、「これから何をしたいですか」って質問したのね。そうしたら、賢三さん、「恋愛がしたい。恋人がほしい！」って言ったの。それを聞いてみんな、きゃ〜ってなったのよね。

賢三さん、もう80歳過ぎてるのよ！　でも、そうやって言えるのって、素敵じゃない。私だって、どなたかいい人とご縁があったらいいなって思ったわよね（笑）。


最近思うのよ。

女は、灰になるまで色気があるほうがいいなって。

といっても、のべつまくなし恋をしてという意味じゃなくて。それはそれで困っちゃうから（笑）。

そうじゃなくて、女性同士でも、相手が綺麗にしていると楽しいじゃない。ちょっと綺麗にお化粧してきてくれたり、いい香りの香水つけてきてくれたら、「私のために装ってきてくれたんだな」と思って、私も元気になれるでしょ。

逆に、いつもボソボソッとした適当な服を着ていると、相手のこともボソッとさせちゃう。やっぱりいつも、自分のことをちゃんと構っているほうがいい。

たとえばネックレスをつけたり、スカーフを巻くと、自分の気持ちが盛り上がるのを感じるのよね。それをときどき触っている仕草なんかも、我ながら可愛らしいと思う（笑）。

自分を可愛く見せたいとか、チャーミングに見せたいとか。いい意味での欲って、ずっと持っていたいと思う。その欲がなければ、どんどん老けていっちゃうでしょ。欲というより、向上心と言ったほうがいいかしら。

イヤリングひとつとっても、少し位置が違うと全然違って見えるのよ。私の場合、耳たぶの外側にイヤリングをつけると子どもっぽくなる。だからそうじゃなくて、少し口元に近いくらいの内側につけるのがいいみたい。

こういうのって、自分を少しでもよく見せたいと思っていないと気づかない。だから、自分のことを可愛らしく見せたいと思う気持ちは、何歳になっても大事だと思うんです。

せっかく女に生まれたんだもの。女は灰になるまで色気を持たなきゃ！　女を楽しみ尽くさないとね。

憧れの女性、カルメンのこと

ニューヨークには、カルメン・デロリフィチェというモデルがいます。東欧系の人で、13歳のときに路上でファッション関係の人にスカウトされたんですって。この方は、40年代の終わりからVOGUEの仕事をしている方です。

あれは82年くらいのことだったと思うけれど、私が、ニューヨークでオーディションを受けてショーに出たとき、モデルの山口小夜子さんもたまたま来ていたの。

そのとき小夜子さんが、「マリさん、あそこにいるモデルさんね。すごく有名な方なのよ。私も歳をとったら、ああいう風になりたいの」って教えてくれたんです。

それでパッと見たら、背がすごく高くてお化粧も何もしてなくて、すっとした髪型で本をずっと読んでいる人がいたの。それが、カルメンだった。

知的な人なんだな、というのがカルメンの第一印象。とにかく物静かな方なのね。

　でも、そんな静かな印象の彼女が、いざ表に立つとものすごい存在感で。ショーのときだってお化粧もほとんどしないのに、彼女が出ていくと、「わ〜！カルメン！」って、みんなが言ってしまう。とにかくすごい存在感なのね。


　そのとき、おそらくカルメンは40代後半だったと思うけれど、当時その年齢でショーに出られる人は、カルメンくらいしかいなかった。プロポーションもいいし、誰からもリスペクトされていた、本当に稀有な存在だった。

　だから小夜子さんも憧れると言っていたし、私も、彼女みたいにずっと働き続けられるモデルでいたいと思いました。

　長く一線で活躍していたカルメンだったけれど、その後、若いボーイフレンドができたのよね。50代の頃だったと思うわ。そしたら、突然派手になっちゃって。ヒョウ柄のブラジャーとかつけるようになっちゃった（笑）。

よっぽどその彼が好きだったんでしょうね。でも、そんな紆余曲折も可愛くて素敵なのよ。みんなまた、カルメンに夢中になっちゃったんだから。

日本だったら、50代になってからの恋愛なんてみっともないと言われたかもしれないけれど、向こうだったらもう、大賞賛。

仕事だけではなくて、大人になってからの恋も、素敵。恋にのめりこんで我を失ってしまう。そんなところも、カルメンが特別にチャーミングだったところだと感じます。

入院したって、
それをＳＮＳに書いたりしない

いまでこそ、モデル時代の仲間と連絡をとって、懐かしい〜と話に花を咲かせることもありますが、若い頃は心を許せる同業者の友人って、ほとんどいなかったと思います。

昔はみんなライバルだった。

そこで競争して、自分はもっとよくなりたい、一流になりたい、あの人には負けたくないという気持ちが強かった。これは、私だけじゃなく、みんな、そうだったと思います。

いまは、みんな仲良く一緒がいいという風潮があるけれど、でも、日本のモデルさんが海外に行って勝負できないのは、それもひとつの原因じゃないかしらと思うことがあります。

人と同じじゃ選ばれない。人と違うことが、強みになる。人よりも上手に歩きたい。カッコよくなりたい。そう思っておしゃれするじゃないですか。するとやっぱり、どんどん向上していくわけ。そうすると、それを見てくれる人も出てくる。

ファッションデザイナーは、いいモデルをミューズとしてそばに置きたがります。それは、いつも刺激を受けていたいから。

デザイナーは、自分がデザインした服だけで世界観を構築するけれど、モデルはいろんな服を組み合わせて、思ってもいないようなとんでもないコーディネートをするのね。それが、デザイナーにってはインスピレーションの元になるんです。

そのおしゃれのセンスひとつとっても、誰かに負けたくない。個性を表現したい。そう思っていました。蚤の市で買った軍服にオートクチュールを合わせたりね。その頃は、とにかくいろんな服を着て表現したくて、一日に2回も3回も服を着替えていたの。

もちろん、ライバルを全員蹴落としたいとか、そういう感情じゃないのよ。もっとサバサバした付き合いです。

ライバルには、悩みも相談ごとも、打ち明けない。具合が悪いときも、絶対に弱みは見せない。ちょっと調子悪いとか、風邪をひいているとか、それはマネージャー以外、誰にも話さない。その気持ちが、自分を強くしてくれたように思います。

いまでも、ひっそり病気しているし、入院したりもするけれど、絶対にフェイスブックに書いたりしないの（笑）。もし具合が悪かったとしても、受けた仕事は這ってでも行きますよ。

それよりなにより、仕事が入ったら、風邪をひかないよう、プロポーションをその日に最高潮に持っていけるよう、集中して過ごします。

私が、この歳になっても現役でお仕事をいただけているのは、そんなふうに、自分を強く自立させようと思っているところにも理由があるのかもしれないと感じます。

香水は季節や気分で使い分けて。

ストールは巻き方次第。

海外のアンティークショップで買い集めたものたち。

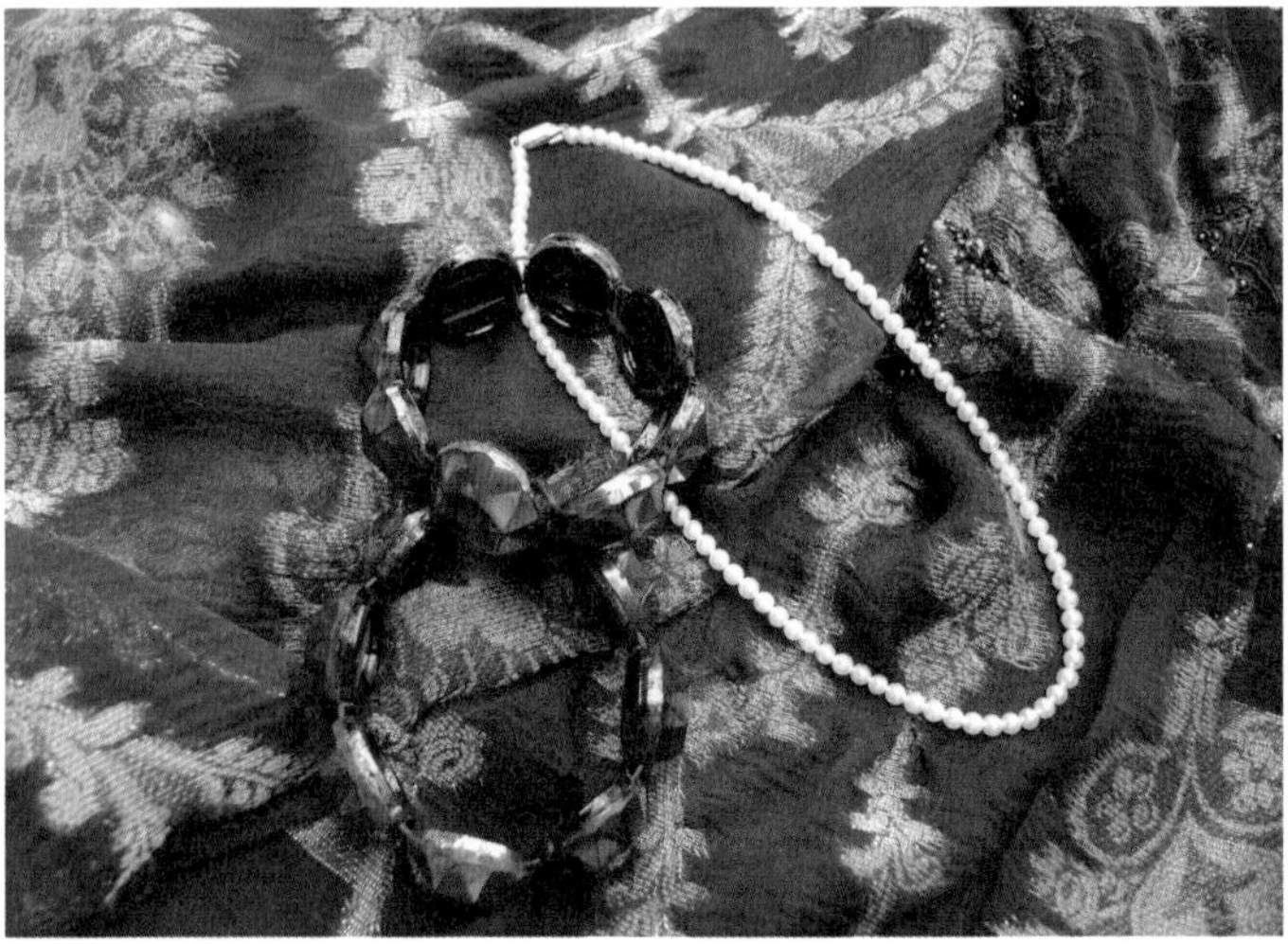

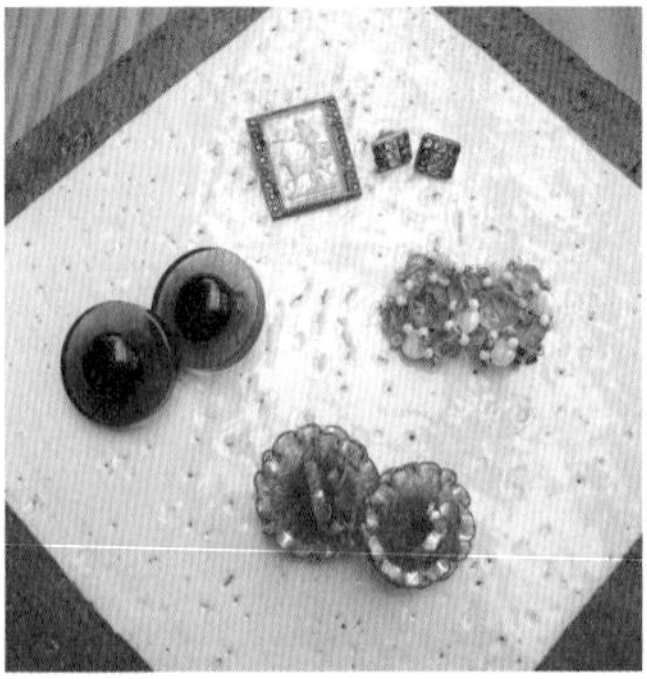

リビングには華やかさとくつろぎを。

花も無手勝流。

人生は動き続ける

パリのモデルに学んだ田舎暮らし

パリのモデルは田舎暮らしをしている人が多いんです。パリコレに出ていた時代、そんなモデルたちの家に泊めてもらって、素敵だなあと思いました。

彼女たちの多くは、パリに小さなアパルトマンを借りてセカンドハウスにしていて、郊外に家を持っています。そこで馬を飼っている人もいるし、普段は畑をいじっている人もいますね。

世界中を旅している人が多いから、その土地土地で買ってきた絵や置物を飾っているんです。それが、すごくセンスいいのね。モロッコのなんとか、ミャンマーのなんとか……。家に行くと、小さな美術館みたいなの。

フランスの田舎は食べるものも美味しいし、チーズなんか最高。とても健康的な生活です。ショーでは10センチのヒールを履いて歩くけれど、田舎にいるときは素足で歩いたりしてね。髪だけ束ねて、お化粧ももちろんしていないし。

こういう感覚って、日本のファッション関係者や芸能人には少ないかもしれない。オン・オフが曖昧で、いつでも気を張っていなきゃいけない感じがある。そうすると、いつでも装っていなきゃいけないし、メイクも落とせないですしね。

若い頃から彼女たちの生活を見てきたから、いつかは自分も田舎暮らしをしたいと思っていたんです。

思い返せば、小さな頃は、手付かずの自然の中で育ったんです。宮城県の山の奥、蔵王のほうよ。

よく覚えているのは、5、6歳の頃。ふらふらっと畑に入ってずっと星を見ていたこと。おじいちゃん、おばあちゃんが、「マリちゃんは、また星見てるわ」ってよく言っていました。昼間はブランコに乗って少しずつ形を変える雲をずっと見ているのが好きだった。

父がアメリカ人、母が日本人。当時ハーフの子どもなんて田舎では珍しいでしょ。だから、友だちもいなかったのね。

うちに飯ごうがあったんですけど、それを持って川にいって、お米をといでご飯を炊いて、一人で食べて帰ってくるような子だったんです。7歳くらいのときかしら。

一人で山に登ったり、河原に遊びに行ったり。家族には「マリちゃんはすぐにいなくなっちゃう」とよく言われていました。

モデル仲間の家に遊びにいって、「田舎で暮らしたい」と思ったときから、40年の月日が流れました。

60歳を超えてから田舎に引っ越すと言ったら、誰もが驚いていたけれど、きっと必然的な流れだったんでしょうね。

50年以上暮らした東京を離れ、
田舎で一人暮らしを
することにしました

東京には、50年以上住みました。モデルをやる前からですね。東京にも昔は自然があったんです。でもいまは、電車に乗って山や海が見えるところまで行かないと、なかなか自然に出会えないですよね。だから、都心のマンションに暮らしていると、なんだかずっと頭の中で音がしている感覚になっていたんです。

ひとつは物理的なノイズ。一晩中車の音が聞こえてきて、なかなか頭から消えない。

もうひとつは、情報の多さというノイズ。外を歩けば目にどんどん情報が入ってくる。スマホもそうですよね。でもそれがないと暮らしていけないと思い込んでしまうのが、都会の生活。結局、私たちが、情報にコントロールされてるんじゃないかと思ってしまうほどです。

辛かったのは、電車に乗っているときに、しょっちゅう自殺する人のニュースが流れてくること。きっとみんな疲れ切っているんだと思う。

そういうノイズが頭に溜まったときは、電車に乗って自然の中に身を置くようにしていました。

海に足を浸したり、森の木を見て深く空気を吸ったりすると、頭の中の音が変わっていきます。聞こえるのは、波の音。小鳥の声。虫の鳴き声。全部自然の波長で時間が過ぎていくから、自分が癒されていくことがわかるんです。自分で頑張って自分を癒さなくても、自然と体がラクになるんですね。

最後のほうは、しょっちゅうそういう時間を持たないと、頭がおかしくなってしまうと感じるほど、都会に疲れていました。


どこかに移住したい。

私って、そう思ったらぱっと行動してしまうたちなんです。いろんな人に、別荘を持って二拠点生活するのはどう？　と言われたのだけれど、そういう決断には覚悟が必要だと思うんですよね。大きな覚悟があればあるほど、そのあとの生活にいいこともやってくる。そう思っているんです。

だから二拠点にして、生半可に東京に未練をもちながら、あっちもこっちもとやっていたら、いいことが起きない気がして。

もう移住するんだったら、完全に移住。そうきっぱり決めたほうが、ものごとがごろっと変わると思ったんです。

移住地に栃木県の益子を選んだのは、トキオクマガイにいらした馬場さんという方が、ご夫婦で益子に移住されたから。

メールをしたら、マリさん、遊びにいらっしゃいって言ってくださって。それで、遊びに行ったら、すごく波長があったんですね。うわー！　いい感じだなって。

そのとき、馬場さんの奥さんが車で綱《つな》神社という、もう１２００年くらい経っているような神社さんに連れて行ってくださったんです。そこは、私はネットで見て行きたいなって思っていたところだったんですね。
そして、その綱さんに行ったときに、龍神さんが祀られていて。私、その龍神さんに呼ばれたような気がして。それでもうここに住もうと決めたんです。
3月に遊びにいって、8月には引っ越ししたから、すぱっと決めたのよね。

田舎暮らしするなら、東京から2時間半くらいの場所がいいと思っていたの。東京での仕事もあるから。だから、葉山や鎌倉のほうもいったし、いろいろ見たのだけれど、どこもピンとこなかった。でも、決まるときはこうやってすぱっと決まるものなんですね。

最初の1年間は、車の免許もないから、どこにいくのにも自転車だったのよ。

これじゃあまりに不便だと思って、60歳を超えてから教習所に通いました（笑）。

学生にまざって免許取得
実技試験も
一発で通ったのよ

２００９年に益子に移住して、１年間はなんとか頑張って自転車で買い物をしました。でも冬は道路が凍っちゃうし、これでは生きていけないと思って、自動車学校に通いました。

それが、隣町の茂木町というところで、山を削って造った教習所です。教習所の先生が、自分たちが使う車で益子まで迎えに来てくださるのね。その車で山のてっぺんにある学校で練習して、勉強して。多いときは週に３回、４回通っていたかしら。

教習所では、学校を卒業する人や、これから就職する若い人たちがたくさんいて、そういう人たちの中で勉強するのは楽しかったですよ。

教習所の先生方も楽しい方たちばかりで。そういえば、教習所に通いはじめたのも「見学させてください」と言って見せてもらったら、お話がとても面白くてね。気づいたらサインしちゃっていた感じです。

でも、最初のうちは、運転が怖くて怖くて。

運転を始める前に恰幅のいい女性の先生が「免許をとるにあたっては、いろいろ注意点があります」と言うんですよ。「いいですか。まず、人を轢いたら2億円です」なんてお話を始めてね。それでビビッちゃった（笑）。でも、サインもしちゃったし、もう逃げられないでしょ。それに車がないと、私はもう生活ができないわけだから、切羽詰まっていたのよね。火事場の馬鹿力というのかしら。効果測定も実技も一回で通ったのよ。

車があるとナビでどこまでも行ける。温泉に行くのもいいし、新鮮なお野菜も買いに行けるようになりました。

でも、田舎はちょっと暗いところに入ると、ナビですら表示されない道に出ちゃったりするのね。そうなったらもう、自力で戻るしかない。がったんがったんする道を、灯りの見えるほう目指して心細い気持ちを抑えながら運転したこともありました。

田んぼの中に入っていっちゃったこともあるし。軽自動車だから、狭いところもどんどん入っていけちゃうでしょ。気づいたら私道に入って、よそのおうちに着いちゃったってことも（笑）。

私、きっとせっかちなのね。車って、本来の性格が出ると言うけれど、たしかに、急いで道を間違えることが多いかもしれない。

逆に都会、といっても宇都宮だけれど、そこまで行くと車が多いものだから、すごく緊張するのね。そうすると頭も使うし、以前より集中力が増したと思います。

これ、電車に乗って移動する受け身の感じとは全然違うなあと感じる毎日です。

引っ越しクイーンと
呼んでください（笑）

若いときは、2年に一度くらい引っ越ししていました。違うなと思ったらぱっと引っ越す。そのくり返し。

東京で一番長く住んでいたのは、西麻布や南麻布、麻布十番のあたり。きっと波長がすごく合っていたのね。結婚していた時期以外は、そのあたりで転々と家を変えていました。マリちゃんは引っ越しクイーンねと言われていたくらいです（笑）。

ところが歳をとると、引っ越しっておっくうになっちゃうのよね。どんどん場所を変えていくことに疲れてしまう。だから、益子に移住したときは、長く住むつもりで引っ越ししました。

幸いとても素敵な家を借りることができて、ここを終のすみかにしようと思っていたんです。

でも、震災がありましたよね。

栃木はずいぶん揺れました。すごく気に入っていた家だったけれど、揺れて瓦が落ちて穴が空いちゃって。修理するにも時間もお金もかかる。大家さんに出て行ってもらえないかと言われてから、また、引っ越しクイーンが始まっちゃった。

栃木に移住してきて10年経つけれど、もういまの家で6軒目になります。やっぱり、こちらは自然が厳しいから。一見素敵に見える家でも、住んでいると湿気がすごくてカビが生えちゃうとか、そういうことがあったりするんです。

前の家は、川が近くにあったから、毎朝のように霧が出るんです。それでシケちゃって。靴からベルトから、オートクチュールにまでカビが生えちゃいましたからね。

東京にいたとき、カビが原因で肺炎になったことがあるんです。だから、カビ、怖いんですよね。ここもすごく気に入っていた家だったけれど、住めないと思って引っ越ししました。

自然の近くにいたくて移住してきたのだけれど、自然と共存して住むのはなかなか難しいこともあります。

こっちにきてから上手になったのは、虫と話すこと。これ、本当よ。たとえば干していたお布団にカメムシがついていたりしても、「ちょっとそこをどいてね」と言ったり、困った場所に蜘蛛の巣ができているときに「そこだと壊さなきゃいけないから、別の場所にしてくれるかしら」って話しかけると、自分からどいてくれるのよ。だから、無駄な殺生をしなくなったわね。それって、自分の気持ちとしても、とてもありがたいことなのよ。

ただ、あれだけはまだダメです。台所に出る、黒いやつ。ぎゃーっとなっちゃう。あの子と話せるようになるには、まだまだ修行が必要ね。

田舎暮らしはパラダイスじゃない

田舎暮らしをしてよかったと思うのは、物事を広い視野で見られるようになったこと。

都会にいると、自分がいる場所をピンポイントでしか感じることができないのだけれど、田舎にいると、これから進む場所のその先々にも道が続いていて、広がりのある景色を見ることができます。

それに、いろんな人が住んでいるわね。人間ウォッチングじゃないけれど「ああ、こういう人がいるんだ」と感じることが多いし勉強になりました。

もちろん、人口でいうと東京のほうが人の数も多いのだけれど、東京にいると自分と近しい人たちとしか会わない。私の場合、仕事のファッション関係者、ファッションを好きな人たちとばかり会っているから、結果的に多様性がないのかもしれないと感じました。

田舎にきてはじめて、うわー、こういう文化がまだ残っているんだとか、そういう衝撃を受けました。たとえば、女はすべからく男を立てるべしとか。どこに行っても、おじさんが威張っているのね。そして、女性はその後ろをついていっている。

少しおしゃれしているだけでも「東京の女は派手だ」とか「東京の女はエロい」と陰口を言われたこともありましたよ。エロいって何かしら。失礼しちゃうわよね。


ゴミ捨ての方法ひとつとっても、その地域のお作法があるのね。間違った場所に出したら、ひどく怒られる。ゴミ袋に名前を書くから、誰のものかすぐわかっちゃうのよ。

缶は黒い箱、ビンは青い箱に入れるのだけれど、最初それを知らなくて逆に出していたら、いつまでたっても回収してくれないの。どうしてかしらと思ったけれど、誰も教えてくれないし、意地でも持っていってくれないのね。これを回収しちゃうと、これまで長く続いてきたやり方が崩れてしまうから、と。

最初は他にも「どうしてこんないじわるなことをされるのかしら」と思ったこともありました。

でも、こういうときこそ、「郷に入ったら郷に従え」。移住させてもらっているのは、こちらです。東京ではこっちが常識なのに、なんて思っていても仕方ない。なにせ、「町に知らない人が入ってきたら気をつけましょう」って看板が出てるくらいですから。

とにかく腰を低く。こういうときは変なプライドは邪魔ね。プライドでゴミを持っていってくれるわけじゃないから（笑）。

意見の合わない人と争わず、すっと「ごめんなさいね」と引けるようになったのも、田舎暮らしで学んだことかしら。いいことばかりじゃないけれど、やっぱり、私にとって必要な時間だったんだと今は思います。

田舎のおばあちゃんは強い

田舎であっぱれと思ったのは、土地に根付いて生きてきたおばあちゃんたちの力強さと人生の知恵。

戦争で男の人たちがみんな取られたときも、村を守ってきた人たちだから、気丈だし意志も強い。

とくに私がお世話になっているおばあちゃんは、戦争中に村のリーダーになって、野菜の作り方でも木の切り方でも村の人に教えてきた人で、なんでも知っているの。

決めたことは必ずやり通す。「私はものすごく負けず嫌いなんだよ」と自分でも言っているけれど、子どもたちの世話にはならないと、94歳で一人暮らしをしています。

私の家もおばあちゃんの家も、丘の途中にあるから、毎日が雑草との戦いなのね。おばあちゃんは、すぐに伸びてくるのを全部手でひとつずつ取るんです。手で引っこ抜くのは、そうしたほうが次がすぐ出てこないから。その集中力がすごいの。あれは神様でも真似できないくらいの集中力よ。
おばあちゃんは、それを自分の家だけじゃなくて、私の家までやってくれるんです。仕事から帰ってくると、道がきれいになっている。あの優しさには頭が下がります。

おばあちゃんのところは畑をやっていて、野菜も、苗を買うんじゃなくて、種から育てているのね。子どもを育てるように、種に話しかけるのよ。これが、無農薬で美味しいの。虫が出てきてもぱっと箸でつまんでとっちゃうんだから。
自然に生えてくるものも美味しいのよ。つくしやタケノコ、あとはコゴミ。小さいうちにコゴミを採って味噌で炒めたりすると美味しいんですよ。

私も庭で野菜をやるといいわよと勧められたんだけれど、だいたいのお野菜って花が咲くのね。ネギも可愛い花が咲くんですよ。そうすると情がわいて食べられなくなっちゃう。だから、私にお野菜づくりは無理だと思って、花や枝ものを植えるようになりました。

朝、畑を見に行って、雨が降っていないときはお水をやるのだけれど、お花によって水の欲しがり方が違うのね。いっぱい水を欲しい子もいるし、そうでもない子もいるんですよ。

お店で買うときにだいたいの育て方は聞くけれど、土によっても育ち方は違うし、日のあたり方でも違うわね。太陽が好きな子も苦手な子もいる。様子を見ながら育てて、ここは暑いんだなと思ったら、いっぱい水をあげたり、植え替えたり。ハーブを植えておくと、虫もこないのよ。いまではすっかり、花づくりのとりこです。

動物との生活が教えてくれること

家族が動物好きなので、子どもの頃からいろんな動物を飼ってもらってきました。ハツカネズミに、インコに、犬にネコ……。カラスやフクロウもいました。

大人になってから飼ったのは、プレーリードッグです。大阪に撮影に行ったとき、黒門市場のアーケードで見つけたの。うさぎや小鳥を売っている店なんだけれど、そこにプレーリードッグもいた。なんだかカゴに入っているのが気の毒な気がしちゃって「一緒に帰ろうか？」と聞いて、新幹線で連れて帰ってきたんです。

その子はオスで、オスってちょっと体が大きいんですよね。カゴで飼うのはかわいそうだから、お風呂場で飼おうと思って。でも、カゴを開けたら、彼、いなくなっちゃったのよ。隠れちゃって。捜せないものだから、諦めて寝たんです。そしたらなんと！　朝起きたら、お風呂場に巣ができていた。ティッシュペーパーをたくさん集めて、自分で巣を作ったのよね（笑）。賢いのよ。

さすがにお風呂場がティッシュだらけだと困るから、巣を脱衣所に移動させて、くーちゃんと名付けて一緒に過ごしました。

このくーちゃんは、本当に可愛くてね。あるとき、朝方にシャキシャキという音がするなと思って目が覚めたんだけれど、私が起きたら遊んであげなきゃいけなくなるから、知らんふりしてたんです。そうしたら、くーちゃん、一生懸命私の足の指の間にナッツを入れていた（笑）。私へのプレゼントだったんでしょうね。

あるときは、くーちゃんから、私と同じ匂いがしてびっくりしたこともありました。私の香水の匂いがするのよ。聞けば、あの子たちは、自分の体内で同じ香りをつくることができるんですって。


プレーリードッグというのは、オス一匹がハーレムを作る動物だから、自分のテリトリーにオスが入ってくるとすごく怒るんです。くーちゃんがコードをかじって洗濯機が動かなくなって電気屋さんを呼んだときなんか、それが男性だとわかると、飛びかかって指を嚙んじゃったこともあった。その人「ぎゃあ」ってなっちゃって、血がぽたぽたって出て……。もうごめんなさいごめんなさいって、謝り倒しました。打ち合わせにきた男性のカメラマンさんのことも噛んで、やっぱり「ぎゃあ」ってなっていましたね。

女性のお客様には飛びかからないから、知能指数が高いのね。あんなに小さいのに、私のことをお嫁さんだと思っているんだと感じたわ。

すごく可愛くて面白い子でした。

その後も猫を飼っていたのだけれど、あまりに可愛かったから、亡くなったときにペットロスになっちゃって。それで、動物を飼うのをやめていたんです。

でも、益子に移住してきたとき、友達になった奥さんから、飼ってあげないと捨てられてしまう猫を見せられたのね。そこからまたずっと猫のいる生活です。

長く飼っていたのはイワノフという子。なんとなく、ロシアっぽい顔をしていたのよ。でも、病院に行ったら、診察券に「いわのぶ」って書かれちゃっていたけれど（笑）。何も言えないから、結局、亡くなるまでそのままだったわね。

いま一緒にいるふくちゃんという猫は、エスパーみたいなんです。だから、E.T.ふくちゃんって呼んでいます。ふくちゃんは、自販機の下に捨てられていたんです。まだおっぱいをあげなきゃいけない時期だったから、ずっとミルクをあげて添い寝をして。

あの子たちはみんな、自由気ままに生きているのね。家の中だけで飼うのはかわいそうだから、いつも外に放しているんだけれど、夕方にはちゃんと帰ってきますよ。プライドが高いから、決して下に見ちゃいけない。それだけ意識していたら、ちゃんと私のことを守ってくれる存在です。

私にちょっと元気がないと、そばに寄ってきて離れない。手でとんとんやってくれる。この間なんか、私が泣いていたら、ふくちゃんが顔のところまでのぼってきて、涙をふいてくれたの。
イワノフもふくちゃんも、ちゃんと日本語がわかっていたわね。私が自分のことをやってくれないと感じたら、朝、ベッドまできて起こすんですよ。まだ寝たいというと、頭に手をのっけてガリガリやったりもするの。冗談がわかる子なんです。

よく、一人暮らしは寂しくないですか？　と聞かれます。もちろん寂しく感じるときもあるけれど、でも、みなさんが想像するほど孤独じゃないのは、この子たちのおかげです。

クラシックは猫も好き

10代の頃は、ジャズが流行っていました。モデルになり始めの頃、まだ10代なのに大人ぶって銀座のジャズ喫茶に行って、わざと暗い顔をしていたわ（笑）。もともと新しもの好きなのね。流行っているというと、なんでもすぐに出かけて行った。

ロックンロールもそう。新宿にロカビリーをやっているホールがあって、そこで踊ったりしていました。

17歳のとき、ビートルズがやってきて、ええ、行きましたよ！　でも、当時は武道館も音響がひどくてねえ。もう、ビートルズが出てくるとみんな、きゃああああってなっちゃって、アンプがひどいから、音が全然聴こえなかった。私も、きゃああああってやっていたんですけどね（笑）。

いまでも思い出すのは、タクシーに乗って渋谷を通過しているときに、ラジオからローリングストーンズが流れてきた瞬間のこと。これだ！　これが新しい音楽だって、鳥肌が立ちました。ビートルズとは全然違う、ロックのリズムが斬新で。

それからずっと、ストーンズは好きです。アメリカのツアーも観に行ったりしていましたよ。

最近では、オペラも聴くし、クラシックも聴くようになりました。自然の中にいると、ロックよりも、オペラとかクラシックの音のほうがすんなり入ってくるんですね。クイーンの曲は、どこかオペラっぽい雰囲気があると感じます。『ボヘミアン・ラプソディ』も、もちろん観に行きました。

私だけじゃなくて、猫たちも全般的に、クラッシックが好きなんですよ（笑）。綺麗なメロディのクラシック。ピアノ協奏曲をかけたりすると、みんなうっとりして寝ちゃうの。

動物はすごく耳がいいから、音を小さくしてあげないと強すぎちゃう。だから、音量を小さめにしてあげると気持ちよく寝ています。

音楽って、自分の体を通り道にしていく感じがするじゃないですか。体の中を流れていくそのときに、音の立体感が生まれる気がします。体の中を通るものだから、やっぱり、自分の好みにあったものでないと押し付けられている気持ちになっちゃうんでしょうね。私が押し付けられると感じるのは、なんだかこう、計算されたような理屈っぽい音楽。デジタルとかアナログとか、そういうことは関係なくて、頭で作ってるんだろうなと感じる音楽は苦手です。

その点、クラシックはやはり、時代を生き抜いているから。いまでも残っているものに、中途半端なこざかしいものはないと感じます。

芸術の域に到達するというのは、そういうことなんでしょうね。

旅が思い出させてくれるもの
それは昔の記憶

昔、アフガニスタンに連れて行ってもらったことがあるの。22歳のときだったと思います。

砂漠の奥地で、チンギスハンが攻めてきた場所。いまは、その子孫のハザラ族がいる場所です。

夜になると、そのハザラ族の吟遊詩人みたいな人が、詩を朗読して楽器を弾きながら歌うのね。

それが日本の民謡と、ものすごく似ているのよ。小さいときに、よく民謡を聴いていたから、それを聴いて涙が出てきた。どうして日本からこんなに離れた場所にきて、こちらの人たちの楽器で民謡が聴けるんだろうって。

遊牧民族の人たちは、つねに動物と暮らしています。羊を放し、それを追いかけ、また集めて。そして集めた場所で、吟遊詩人が歌を歌う。大きな山にその歌がこだまして、あれを「天空」というんじゃないかしらと思ったくらい。上のほうにずっと山が連なっていて、星がすごくて。それは素晴らしいんですね。

同じように、ペルシア系の人たちの歌もすごくいい。何がいいかというと、シルクロードでつながっていた場所の歌なので、自然と魂が共鳴するのね。

アフガニスタンは、いまは危険で入れなくなっちゃっていますね。アフガニスタンの隣はパキスタンで、昔はパキスタンとインドは同じインドだった。いまは、イスラム教とヒンズー教で分かれてしまったけど、ペシャワルというのは、ガンダーラの仏像があるところなんです。

ガンダーラ仏像は、ペシャワルの有名な王族、王様たちがスポンサーになって、ローマから職人を呼んで、仏像を作らせたから、ヴィーナスみたいに本当に綺麗な顔をしているんです。

このガンダーラっていう場所が、大乗仏教の発祥地なのだけれど、私、そこを車でずっと通ったときに、涙が止まらなくて、心臓がぱくぱくしちゃったんですよね。それで思ったのが、「私きっと昔、ここで生まれて、ここにいたんだろう」ってこと。そんな気がしたの。そんな自覚があったのね。

私たちは実はみんな、ずっと日本で生きてきたわけではなく、いろんな国で生まれて、いまの自分は日本にいるのかもしれない。そういうふうに物事を考えると、面白いと思いますね。

そういうことが見える人に、私はフランス人だったことも、中国人だったこともあると言われたことがあります。パリに行くと懐かしい気持ちになるのは、そうだったのかと思いました。私は母が日本人で父がアメリカ人だから、フランスには縁がないはずなのに、もともと持っている魂の縁のほうが、懐かしく感じるのね。

これは多分、私だけじゃないと思う。誰でも、この場所は胸騒ぎがするとか、なんだか知っている気がするというのは、絶対あると思うんですよ。それってきっと、魂が記憶しているんじゃないかしら。

そんな感覚を持つようになってから、旅行先はインスピレーションで選ぶようになりました。

最近行ったのは、ヒマラヤ。多分、ガンダーラから通じているのだと思うのですが、テレビでもヒマラヤが映ると、もうどうしようもなく懐かしい場所に感じるんですね。

そんなときに、縁があって親しくしている方が、ヒマラヤに行く予定だというのを聞いて、一緒に連れて行っていただいたんです。こういうのも、自然とそういう流れがくるんでしょうね。

ヒマラヤは、登るととてもお金がかかって大変なのですけれど、ネパールから飛行機が出ているんですね。なので、ネパールに拠点をおいて、飛行機でヒマラヤ越えをして、チベットに飛びました。

眼下に8000メートル級の山々が見えて、それがものすごく神々しくて。これぞ、神様の場所だと感じました。

一人旅もしますよ。この間は、前から行きたかった、カンボジア、ミャンマーに旅しました。今度はラオスに行ってみたいと思っています。

まだ行ったことがないのが、ブラジル、あとはアルゼンチン。あちらに友達がいるんです。体力あるうちに、行きたいですね。

俳句を詠むこととモデルの仕事は少し似ている

私の本の選び方は、ちょっと変わっているかもしれない。

本屋さんに行って、手がすっと伸びたものをぱらぱら読むんです。タイトルも見ずに。それで、ちょっとだけ見て嫌なら棚に戻しちゃう。

なんだろう。自分でもどういう基準で、良し悪しを判断しているのかわからない。「それを読みなさい」って、神様に言われているのかもしれないですね。いまのあなたに必要だからって。

表現の方法が美しいのが、中勘助の『銀の匙』。江戸っ子の美しい文章表現は、そこで知り覚えました。

中さんの文章からは、「言葉はここでこうやって区切ると綺麗なんだ」ということを教えてもらった気がします。句読点で空間ができるんだ、ということを体感させてくださった作家です。

中さんの本は、文章がキラキラしている若い時期のものと、老成してからのものが好きです。その間のものは、ちょっと私には理屈が勝っているように感じました。

だから、好きな作家もあまり「絶対」と決めつけないほうがいいなと感じます。そのときどきでフィットするものが違うから。それでいいんじゃないでしょうか。またいつか、巡り合わせで「最近の作品は、いい感じ」と思うこともあると思います。

自分自身でも、俳句が好きで取り組んでいます。私、短くパンッと表現するのが向いているみたいなんですよね。

モデルもステージ上で表現する時間は短いじゃないですか。俳句の文字数が限定された感じって、それに似ているんですよね。

俳人の中では正岡子規が好きです。彼が生きたのは、とても小さな家で、肺を患って寝たきりだったから、小さな庭の風景でしか季節を感じることができなかったと言われています。そんな状態で詠んだ俳句が最高で、素晴らしいと思ったんです。

体は蝕まれて、部分的に壊死もしてくるのだけれど、彼はそれでも俳句を詠み続ける。痛みよりも、俳句のほうが彼の道だったということでしょうね。痛みを忘れられるというのは、すごいことだなと思いました。

とくに、仕事に生かそうと思って読書をしたり、俳句を詠んだりしているわけじゃないのだけれど、表現者として、そういった別の人たちの表現から無意識にも意識的にも、学んでいることは多いのでしょうね。

嫌なことも、
あとから振り返ったら
「経験させてもらった」
と思えるものね

田舎暮らしをするようになって、いろいろと経験させてもらいました。東京にいると味わえないような悲しい経験もしたし、嫌なこともありました。

その瞬間は「悔しい」とか「信じられない」とか、気が狂いそうなくらいなんだけれど、あとから振り返ると、やっぱりそれも、「経験をさせてもらった」のだなあと、最近感じるようになったの。それは私の成長にもつながっていると感じます。

ここで一番学んだことは、みんなそれぞれの「道」を持っているということ。その人の道に土足で足を踏み入れたら、ぶつかることもある。やっぱり人間だから、最初は自分と考えの違う人とはやり合っちゃうのよね。

でも、いろんな考えの人がいて、いろんな生き方がある。その人がその考えを持っている背景には、その人の生きてきた背景や育った環境や家族がある。

そういうことを想像できるようになったら、考えの違う人のことも、静かに受け入れられるようになった。

これはある種の諦めに近い部分もあるのだけれど、「相手が間違っているとか、こうあるべき、と思っても仕方ないんだ」と思えるようになったら、すっと自然に会話ができるようになってきたんです。よく言われることだけれど、変えることができるのは、自分だけです。

「何かおかしいな」というときは、相手や周りではなく、自分に問題があると考える。たとえば焦っていたり、物事を暗く考えていたり……。そうやって反省したら、また自分を立て直すところから始めるの。

なかなかうまくこの土地に馴染めないとき、東京に戻ろうかしらと思ったことが一度もなかったかというと、それは嘘になります。

でも、結局、そういうすれ違いはどこに行ったってあるものだと思うの。

たしかに、それまで暮らしてきた街のほうが、同じ考えを持っている人に会える可能性は高いかもしれない。でも、東京に行ったたって、ニューヨークに行ったって、うまくいかない人は絶対いるのよ。「ああ、この人はこういう考え方をするのだな」と、理解して受け入れるしかない。

うまくいかないときは、流れに逆らわず、自然に身をまかせる。

自分と考えが違う人の声にも耳を傾ける。

こういうことは、全部、この数年で学んだことです。

60歳を過ぎてからも、こんなに学べるし、成長できるものなんだと思いました。

大変なことも嫌なことも、あとから振り返ったら「経験させてもらった」と感じられるようになる。そう気づいてからは、嫌なことも楽しめるようになった気がします。

マイルールを持たない

「マリさんの座右の銘はなんですか？」

インタビューなどで、こんなふうに聞かれることがよくあります。

でもいつも「決めてないわ」ってお答えします。

私、ルールを持たないのがマイルールだと思っているの。自分でこれからこうしようって決めつけることが大嫌いなんです。いままでこうだったからとか、自分の歴史を振り返ってこだわるのも好きじゃないし、そのときそのときで人間って成長していくものだなと思うから。

だから、考え方が変わることもよくある。いままでこう思っていたけれどそれは浅はかだったなとか、深く物事が見えていなかったなということもあります。

私の場合、そういうことがあるたび、自分をリセットしている感覚があるんです。また新たな自分を開発していくというか、挑戦していくというような感覚。そういうときは、人からすると「前と言ってることが違うじゃない」ってこともあるかもしれない。

でも、それでいいと思っているのね。
答えを決めて「こうあるべき」と思ってしまうと、とたんに心が硬くなっちゃうと思うんです。硬くなった心では、大事なことがキャッチできない。行き詰まっているときは、たいていそんなとき。だから、毎日毎日生きている中で、ふと導かれる方向に素直に身をまかせています。

ある日、うちの猫たちと裏山に散歩に行ったときの話です。
その裏山は、低い山を２つくらい越すとお不動さんのお堂があるのね。きっと村の人が祀ったお堂だと思うのだけれど、そのお堂が建てられた江戸のもっと前の頃から、掃除されていない感じなの。ゴミやほこりがたっぷり積もってるわけ。私、それを見て気の毒になっちゃってね。かわいそうなお不動さんだなって思ってた。

当時、私の友達の陶芸家がすぐ近くに暮らしてて、ご主人が成田不動さんを信仰してた方なの。その方に連絡して、すごく気の毒なお不動さんがあって、あまりにかわいそうだから、一緒に掃除に行ってくれないかって言ってみたんです。そうしたら、２人は雑巾とかバケツとか持ってきてくれた。車では入れない道なので、私の家から３人で歩いていったんです。

お掃除をするのに思ったよりも時間がかかってしまったんだけれど、すごく綺麗になって、奥さんが作ってくれたおにぎりをお供えしたときは、あたりも暗くなっていました。

お不動さんがすごく喜んでくださったのは、わかりました。だって、江戸より前からほったらかしだったのよ。神様というのは、綺麗なところにいないと動けないんですって。ほこりがあると、力が出なくなっちゃう。だから綺麗になってみんな晴れやかな気持ちで「よかったね」って言ってお参りして。バケツの中には積もり積もったゴミを入れて、それはここで捨てるわけじゃないからと、それも抱えて帰ろうとしたんです。

でも、どんどん暗くなってきて。ああ暗くなってきた、道が見えなくなっちゃうわ。どうしようと思っていたんだけれど、真っ暗なのに私の目がなぜか見えるんです。きっと、お不動さんの目が入って、道を見えるようにしてくれたんですね。だから、私が先頭になってこっちですよ、こっちですよって。

でも、しばらく行ったら完全に道が見えなくなっちゃったわけ。困ったわ、どうしようと思っていたら、5月なのに、蛍が出てきたの。このあたりの蛍なんて、7月にならないと出てこないのに、突然ぱぱっと出てきて、道が見えるようになったのね。その蛍が道を照らしてくれて、結局家まで無事に帰ることができました。

不思議な経験だったけれど、人生も同じだなと思ったの。何か計算があってお不動さんをお掃除しようと思ったんじゃないのよ。お掃除したらご利益があるとか、そんなことを考えたわけじゃない。自然とやりたいと思ったら、その純粋な気持ちにお不動さんが応えてくださったと思うのね。

人生もきっとそんな感じじゃないのかなと思うんです。そのときそのときで、自分にとって「これをしたい」と思ったことを大切にする。自分の体や心が喜ぶことをする。

そのためには、なんでも決めつけないほうがいいんじゃないかと思いました。そのほうがきっと、もっと面白い明日が待っている。そんなふうに思うんです。

おわりに

小さい頃の写真を見ると、我ながら自意識の強い子だわと思います。カメラを意識しているのがわかるんですよね。自分の見られ方に敏感だったのだと思います。

私はハーフだったので、見た目からして人とは違う。

小さい頃はそれはもう、子どもからも大人からもいじめられました。あまりにひどいので、親が車で送り迎えしてくれていたほどです。

でもあるときから、その「違う」を良いことだと考えるようになったんです。周囲に染まろうとしても、染まれない。だったら、人と違うことを誇りに思って生きたほうが、きっといい。そんなふうに思うようになりました。

自分の軸を大切に生きてこられたことは、モデルや表現者としてはとてもいいことだったと思います。

そして一人暮らしをしているいまも、その軸は自分を、支えてくれています。

自分は自分らしく素直に生きていきたい。そう考えると、なんでもすっと受け入れられる気がするから。

これまでも、そしてこれからも。そんな風に人生を生き尽くそうと思っています。

装丁　Ed（EDITION Inc.）

【カバー写真】

アートディレクション　Ed（EDITION Inc.）

撮影　池満広大（TRON）

ヘア&メイクアップ　小嶋克佳（TRON）

【カバー表4写真】

撮影（1968年）　写真家・藤井秀樹

【本文】

デザイン　長﨑 綾（next door design）

撮影　中島博美

制作協力　佐藤友美

【衣装協力】

THOM BROWNE（THOM BROWNE AOYAMA）
TEL：03-5774-4668

本書は書き下ろしです。

〈著者紹介〉
我妻マリ（Azuma Mari） 1967年、17歳でモデルデビュー。広告、CF、ファッション誌、ショーモデルで活動。19歳からオート・クチュールモデルとして10年間の経験を積む。1977年にパリコレデビュー。イッセイ ミヤケ、ティエリー・ミュグレー、ジャン=ポール・ゴルチエ等、数々のデザイナーズブランドのショーにも出演し、日本人モデルがパリコレクションへ進出する礎を築いた。現在はモデルとしての枠を超えて、画家、講師などユニークな才能を今も尚、発揮し続けており、圧倒的な存在感で、多くのファンに支持されている。

明日はもっと面白くなるかもしれないじゃない？
2020年3月20日　第1刷発行

著　者　我妻マリ
発行人　見城 徹
編集人　森下康樹
編集者　羽賀千恵

GENTOSHA

発行所　株式会社 幻冬舎
〒151-0051 東京都渋谷区千駄ヶ谷4-9-7

電話：03（5411）6211（編集）
03（5411）6222（営業）
振替：00120-8-767643
印刷・製本所：図書印刷株式会社

検印廃止

ISBN978-4-344-03581-2 C0095
幻冬舎ホームページアドレス　https://www.gentosha.co.jp/

この本に関するご意見・ご感想をメールでお寄せいただく場合は、
comment@gentosha.co.jpまで。